国家科技支撑计划课题：
城镇群地区空间规划的虚拟现实技术研究（2012BAJ15B02）

城镇群空间规划技术研究

刘卫东　余建辉　等著

商务印书馆
创于1897
The Commercial Press

图书在版编目（CIP）数据

城镇群空间规划技术研究/刘卫东等著. —北京：商务印书馆，2023
ISBN 978-7-100-21596-1

Ⅰ. ①城… Ⅱ. ①刘… Ⅲ. ①城镇—城市空间—空间规划—研究—中国 Ⅳ. ①TU984.11

中国版本图书馆 CIP 数据核字（2022）第 148383 号

城镇群空间规划技术研究

刘卫东　余建辉　等著

商 务 印 书 馆 出 版
（北京王府井大街 36 号　邮政编码 100710）
商 务 印 书 馆 发 行
北京市白帆印务有限公司印刷
ISBN 978-7-100-21596-1
审 图 号：GS（2022）5839 号

2023 年 5 月第 1 版　　　　开本 787×1092　1/16
2023 年 5 月北京第 1 次印刷　印张 13¼

定价：148.00 元

前　　言

　　城镇群地区是我国的主要人口—产业集聚区，也是我国城镇化的主要空间载体。由于面临着突出的"人"与"地"之间的矛盾，这些地区也是最需要科学空间管治的区域。城镇群空间规划是新时期区域空间管治的重要手段，作为一项直接面向资源环境和经济社会相互作用的系统工程，其影响因素和机制复杂，综合集成难度大，规划理论创新和技术创新性强。创新、集成城镇群空间规划的关键技术是科学编制规划的根本保障。利用虚拟现实技术和人机对话系统，开发集成信息平台建设技术、辅助决策支撑技术、空间优化模拟技术、可视化表达技术等，可为城镇群地区空间规划提供标准化的技术支撑，有利于推进城镇群地区空间规划标准化和科学化的进程。

　　本书在系统梳理已有相关技术和理清我国城镇群地区空间规划关键技术需求的基础上，通过探索研究城镇群地区空间扩张机理与边界增长模拟技术、开发密度检测与评价技术、承载力评价模拟技术、生态板块及生态廊道设计技术等关键性技术节点，结合已有成熟空间规划技术，在基础地理信息系统的支持下进行城镇群地区空间规划关键技术的集成，尝试开发辅助规划的虚拟现实系统，力求提升空间规划的科学性，推进城镇群地区空间规划标准化进程，为有序引导城镇化过程和科学合理进行城乡建设布局提供有力支撑。

　　本书是国家科技支撑计划课题"城镇群地区空间规划的虚拟现实技术研究"（2012BAJ15B02）研究成果的一部分，中国科学院地理科学与资源研究所、北京大学、广州地理研究所的10余位科研人员参与了本书编写。本书总体框架设计、章节内容安排等工作由课题负责人刘卫东研究员完成。全书一共分为八章，第一章是全书的研究基础和总纲，由刘卫东研究员主笔；第二章探索了城镇群地区边界识别方法，由刘慧研究员、牛方曲副研究员主笔；第三章对城镇群地区开发密度评估进行了新的尝试，由张虹鸥研究员、叶玉瑶研究员等主笔；第四章和第五章从国土开发适宜性、资源环境承载力两个方面，探索了适合城镇群地域特征的国土开发和资源环境承载力测度方法，分别由马丽副研究员和张文忠研究员、余建辉副研究员主笔；第六章和第七章尝试研发城镇群地区生态资本评估以及生态空间格局优化技术，分别由彭建教授和匡文慧研究员主笔；第八章通过城镇群地区空间规划基础信息库、模型库构建及人机互动虚拟现实系统开发，形成集诊断技术、情景模拟技术、人机互动技术与可视化技术于一体的城镇群地区空间规划技术集成与虚拟现实原型系统，由余卓渊高级工程师主笔。刘卫东和余建辉负责本书的统稿工作。

本书的许多研究成果得到了相关大学和研究所等学界同仁的支持与指导，也得到了中国科学院地理科学与资源研究所、北京大学、广州地理研究所各位领导和同事的长期支持，在此一并表示感谢！另外，本书的顺利出版得到了商务印书馆李娟主任、姚雯编辑的大力帮助，在此表示感谢！

刘卫东

中国科学院地理科学与资源研究所

2022 年 7 月 1 日

目　　录

第一章 全球化下的城市与区域发展

20 世纪 80 年代以来，世界主要国家都受到了全球范围内经济结构调整和空间重组的影响，这个经济活动不断跨越国界的过程被称为经济全球化。其主要特征包括：金融资本在全球范围内的迅速流动，跨国投资的迅速增长，跨国公司垄断势力的强化，产业链在全球范围内的空间重组，国际经济组织（如世界贸易组织、国际货币基金组织）影响力的上升等。这些全球化因素和力量正在对不同区域的社会经济发展及其空间过程产生深刻的影响。伴随经济活动在全球的地理扩散和功能整合，商品、资本、人才、信息等要素的流动加快，传统"地点"之间的时空距离显著变化。很多学者认为，在新的信息技术支撑下，伴随全球化过程，世界经济的"地点空间"正在被"流空间"所代替（Castells，1996）。这些"流"并非以一种没有逻辑和规律的方式运动着，一方面，它们在运动路径上依赖于现有的全球城市等级体系；另一方面，也在变革着后者。

这种运动的一个重要结果就是塑造了对于世界经济发展至关重要的门户城市，即各种"流"的汇集地、连接区域和世界的节点、经济体系的控制中心（Timberlake，2008；Florida et al.，2008；Stock，2011；刘卫东等，2010）。随着经济活动越来越复杂，这些门户城市可能进一步深化与其腹地的联系，通过城市体系和产业组织的结构优化，显著改善资源利用效率与经济效率，从而提升区域整体在全球经济"流空间"中的相对地位（Marull et al.，2015；Reades and Smith，2014）。因此，不少学者争论到，在经济全球化趋势下，由门户城市及其腹地组成的具有有机联系的"城市区域"或"大都市经济区"，正在成为全球经济竞争的基本单元（图 1–1）。城市区域之间相互竞争以吸引全球范围内具有高度动态性的要素流（Anttiroiko，2015），吸引的要素类别决定了各个城市区域在全球劳动分工和城市等级体系中的功能和地位，而从中获取价值的多少决定了其推动地方发展和提升社会福利的能力。全球化语境下，城市及区域研究有必要从"地点空间"转向"流的空间"分析，以动态视角讨论城市区域与"流"要素的相互塑造作用（沈丽珍等，2010；Phelps and Waley，2004）。

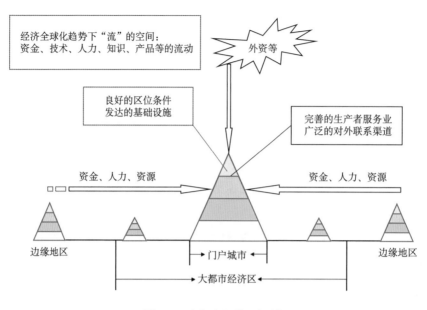

图 1-1 大都市经济区机制

事实上，门户城市在全球等级中的相对位置与国家在世界体系中的等级地位有密切的相关性。作为跨国公司总部的集聚地、全球金融中心和创新中心，纽约、伦敦、东京等世界顶级城市是发达国家控制全球要素流动的关键枢纽；不少发展中国家的核心城市也扮演着重要的角色，北京、上海、新加坡、香港、孟买、雅加达等城市，是发展中国家和地区与全球经济体系结合的"门户城市"。一方面，这些城市正在被全球化力量塑造为多元文化的、有竞争力的大都市；另一方面，这些城市也是发展中国家最直接暴露在全球竞争之下的地点。这样的发展趋势，使人们认识到围绕"门户城市"培育城市群竞争力的必要性，城市区域的形成机制和发展动力成为学术界和政府管理部门长期关注的话题。

全球化"流空间"下，城市区域作为国家处理"全球—地方"关系的关键单元，最能明显体现出地区特殊的意识形态和发展战略。城市区域之间围绕要素资源的竞争，实际上更多的是关于发展模式和政策之间的较量。英美国家"新自由主义"下发展的城市区域以及日韩等东亚"发展型国家"快速增长的都市圈，是 20 世纪 80 年代以来广受关注的两种城市区域发展模式；伴随世界经济重心的转移，中国和东南亚国家的城市区域似乎又呈现出不一样的发展路径。面对全球化下更大范围、更加激烈的竞争以及更为频繁、波及更广的经济危机，出现了大量关于城市区域发展模式的讨论，不管是为了适应新形势而对"新自由主义"和"发展型国家"模式做出的调整，还是探讨两种主流模式之外的多样化发展路径。在旧有发展模式下积累的矛盾爆发，同时又缺少可选择的替代路径的当下，城市与区域发展的未来存在大量不确定性，也因此更需要不同经济社会背景、不同发展阶段的国家的学者和政府决策者，贡献出各自的思考智慧。

第一节　新自由主义下的世界城市体系

一、"世界城市体系"理论

近几十年的全球化过程，实质是资本寻求危机的"空间出路"的从未停止的趋势的当代版本，是新一轮的资本主义生产和空间重组（Lefebvre and Nicholson-Smith，1991；Harvey，2001）。戴维·哈维（Harvey，1990）认为，资本主义生产模式的革命性特征以强大的技术变迁趋势和快速的经济成长与发展为标记，它总是不停歇地寻找新的组织形式、新的技术、新的生活方式以及新的生产与剥削的形态。当资本过度累积，其有动力通过地理扩张和空间重组来解决内部危机，在全球范围内配置资源以攫取剩余价值。资本推动下国际劳动分工导致的空间重组，使国家经济整合进全球体系，同时全球要素又集聚到由一些扮演门户及动力角色的城市区域组成的网络中（Scott，1996；Brenner，1997；Florida et al.，2008）。

20世纪70年代开始，伴随着全球化进程，约翰·弗里德曼（John Friedmann）的"世界城市"（world city）、萨斯基娅·萨森（Saskia Sassen）的"全球城市"（global city）等理论，探讨全球化下伴随资本扩张形成的世界城市体系，重点突出金字塔尖的城市及区域的主导和控制地位。萨森（Sassen，1991）认为全球城市具有以下功能：①组织全球经济的控制中心；②当下主导产业（即金融和企业专业化服务）的关键区位和市场；③为主导产业服务的生产的主要场所，包括创新的生产。跨国公司精英、移民等在这些全球城市集聚，制造业的衰落伴随了金融贸易业的膨胀和随之产生的餐饮、洗涤、服装等服务产业的发展，造成了极化的职业构成（吴缚龙等，2004）。

在世界城市体系理论中，少数城市区域作为全球资本、商品、人力、信息流的枢纽节点，是流空间中的权力中心，被赋予控制和影响全球经济、政治、文化的主导性（Bassens and van Meeteren，2014；Smith，2014）。很多人认为，全球城市已取代国家的地域划分，成为流空间中协调要素流的节点。博任纳（Brenner，1998）则认为，国家空间只是发生了尺度重构（rescaling）。当代城市区域是至关重要的"全球—地方"空间，资本主义社会空间组织在全球范围的动态重组，伴随着全球城市形成和国家尺度重构两种相互交织的过程。作为集聚的节点，城市区域是后福特制资本主义工业化下城市产业集群的特殊历史形态；作为国家领土权力的作用对象，城市区域被日益"全球地方化"（glocalized）的国家作为生产力进行调控，建设新型国家产业空间以提升全球竞争力。

二、城市与区域发展路径

大量研究根据全球化流空间中构建的资本逻辑来定位城市及区域，在新自由主义浪潮，特别是私有化、市场化、自由化以及政府零干预政策取向的框架下，跨国公司掌握着全球的经济交易和资源配置，城市区域之间以发展生产性服务业、培育和吸引跨国公司等形式，围绕在资本主义要素流动网络中的更高的地位进行竞争（Ward and Jonas，2004）。少数全球城市区域成为主导者和最先进的标杆，其他城市只有通过与全球城市区域加强关联，在这些枢纽节点的控制下进入全球经济、政治、文化网络，并以全球城市区域的发展模式为标准，谋求在世界城市体系中的等级地位提升（Bunnell and Maringanti，2010；Koch，2013）。学习纽约、伦敦等全球城市的新自由主义发展路径，圣保罗、布宜诺斯艾利斯、曼谷、墨西哥城等发展中国家的全球城市的形成过程具有以下特征：国家对金融市场的管制放宽，金融业和专业化服务业占据主导地位，城市融入世界市场，房地产业的投机行为，高收益商业区与居住区的中产阶级化，股市向外国投资者开放，以及原本属于公共部门的企业私有化等（Sassen，1994）。

世界城市体系理论假设主要城市区域的经济基础、空间组织和社会结构将趋于一致，通过将英美市场自由主义与国际规范混为一谈，试图使为少数国家的利益和风险服务的世界城市意识形态成为具有普适性的调整改革方案。在东欧和苏联的"休克疗法"，在非洲的"经济结构调整"，在拉美的"华盛顿共识"，都是新自由主义意识形态在全球扩散的产物。随着发达国家和发展中国家内部的社会危机集中爆发，新自由主义全球化下的城市及区域发展模式受到广泛质疑，即使"华盛顿共识"的主要推行者之一——世界银行，也意识到自由放任式的改革处方所导致的严重问题（World Bank，1997；Stiglitz，2005）。

三、面临的问题

斯科特（Scott，2001）认为，新自由主义鼓吹下的全球化将导致城市区域内的社会不平等和冲突加剧，并扩大城市区域之间的经济增长和发展潜力的差异。一方面，新自由主义的城市与区域发展模式使财富空前集中，造成了越来越严重的贫富差距和人口边缘化（Fainstein，2012）。在发达国家，城市区域的产业结构从制造业向生产性服务业转型，导致劳动力市场重塑，劳动力经济收入极化；在大规模的私有化运动与持续增加的收入差距的推动下，贫富差距显著增长，城市弱势群体数量膨胀，犯罪现象增多；且后福特主义及全球竞争使关注充分就业与社会福利的"凯恩斯福利"向以弹性、创新和开放为特征的"熊彼特式工作福利"转型，国家作为社会缓冲器的功能逐渐失效，日益庞大的消费群体（客籍工人、长期失业者等）游离于福利体制之外（刘晔等，2009）。在发展中国家，全球化与快速城市化的同时进行，使很多城市区域发展过大，产生贫民窟等城市问题（Poelhekke and Ploeg，2008）；在一些南美和非洲国家，私有化造成腐败盛行，导致严重的财富分配不均；新自由主义缺乏有效的公共政策，政府提供社会福利、缓和社会紧张的作用有限（Dupont，2011）；此外，为提高城市区域在全球体系中的地位，大量投资被用于服务跨国公司和提升城市区域形象的设施项目，而不是用于改善城市内部的生活环境，城市区域倾向于外向与全球网络连接，对内则与本地社会和居民脱离联系（Castells，1996）。

另一方面，世界城市体系构建的等级制的世界意象（吴志强，1998），固化了空间发展不均衡。资本主义全球体系主要是为了满足发达国家垄断资本在全球攫取剩余价值的需求，发展中国家的城市区域在较低等级的劳动分工下获取的价值有限。等级制的划分使金字塔底层的大量城市区域，尤其是发展中国家落后地区的发展自主性被忽略（Roy，2009；Robinson，2002；Parnell and Robinson，2013）。落后的城市区域由于缺乏本地之外的联系，被认为在加剧的"核心—边缘"体系中只能逐渐与"先进""发达"的经济和文化脱节。改革的处方是对外开放市场、吸引外资，对内实行市场化、私有化和政府干预最小化，由市场实现资源最优配置，最终达到发达城市区域已经实现的富有和繁荣。然而现实表明，鼓吹市场万能、反对政府调控的新自由秩序，使发展中国家的城市区域逐渐失去经济自主性，成为全球垄断资本控制下的"卫星区"。大多数发展中国家的地方政府缺少与跨国公司进行讨价还价的权力，生产创造的价值大量流回跨国公司总部，对本地发展的贡献有限；且跨国公司倾向于相互连接形成较为封闭的跨国公司本地网络，导致在地方的网络嵌入而地域不嵌入，使发展中国家的城市区域倾向于经济依赖、社会极化和空间分裂（Timberlake et al.，2014），难以保证发展的可持续性。

新自由主义下的世界城市体系，加速了从"边缘"向"核心"的价值流动，"南北"国家间的发展不平衡进一步增强，城市区域内部的社会不平等也进一步极化。然而，新自由主义是一个多样化的、地理上不均衡以及路径依赖的过程，即使2008年全球金融危机后，在不同的政治制度背景下出现了多样化的调整路径，但在缺乏取代自20世纪80年代末以来盛行的全球市场规则体系的合理愿景的情况下，反新自由主义的发展路径可能仍局限于特定的地区或特定的尺度，无法威胁新自由主义的霸权控制地位（Brenner et al., 2010)。

第二节 资本主义发展型国家的全球城市区域

一、资本主义发展型国家理论

与塑造纽约、伦敦等全球城市的市场主导的"新自由主义"意识形态不同，以日本和韩国为代表的东亚发展型国家，遵循政府主导的追求战略性国家利益的"发展主义"，在特殊的政治经济背景下，形成东京都市圈、首尔都市圈等截然不同的发展模式（Yeung，2009；Olds and Yeung，2004；Parnell and Pieterse，2010）。虽然这些城市区域是在全球产业转移的历史机遇下得到迅速发展，但与新自由主义下资本主导的空间重组不同，在利用市场机制进行国际竞争的同时，产业政策和政府干预仍是发展型国家城市区域发展的主要驱动力（Han，2005）。东亚发展型国家城市区域所实现的保持分配均等的快速增长，使世界银行在1993年的《东亚奇迹：经济增长与公共政策》报告中（世界银行，1995），探讨这种新自由主义之外的成功模式，赞扬其经济、产业、贸易和金融等政策，以及执行这些政策所设立的机构和机制。

资本主义发展型国家的概念在20世纪80年代初被提出，用于解释东亚地区20世纪60～70年代的经济增长奇迹（约翰逊，2010）。发展型国家具有以下四个主要特征：持续的发展意愿；具有高度自主性的核心经济官僚机构；紧密的政商合作；有选择的产业政策（禹贞恩，2008）。在东京都市圈，"政府主导"的发展模式体现为个别城市区域在国家城市体系中的功能主导地位、产业政策与金融制度之间的关系、空间发展政策以及城市发展项目等方面，城市区域的管理和运行依靠国家政府、地方政府和私营部门之间的相互合作（Saito，2003）。在首尔都市圈，政府通过大量的财政支持和技术发展，扶持三星和LG等财阀企业，结合政府政策和企业战略、技术体制、市场创新成果的竞争优势、国内外知识来源等，实现路径创造的赶超战略（path-creating catch-up）（Yeung，2009）。

二、城市与区域发展路径

与世界城市以政府支出减少、公共服务私有化和地方政府间日益加剧的不平等为标志的政府角色转变不同，东亚发展型国家的政府对基础设施和公共服务、产业和私人部门发展进行精心的干预，使资源配置为国家经济的长远发展需要服务（Hill and Fujita，

2000；Rock et al.，2009；Radice，2008；Lee et al.，2005，Yeung，2014）。发展环境方面，政府在基础设施和重点项目建设中投入大量资源，中央和地方政府之间在战略上相互依赖，最大限度地调动稀缺资源，引导生产性要素集中到特定城市区域以提高其全球竞争力；产业发展方面，政府通过选择性关税、补贴和融资渠道等方式，有意识地改变现有的价格相对关系和其他市场信号，以促使资本积累的速度和方向发生逐步变化，且由于密切关注发达国家的产业和技术趋势，政府对主导产业的判断出现错误的风险更小；企业扶持方面，通过优势的政策支持和有选择的财政分配，使少数"国家冠军企业"克服后发劣势，减少国内竞争，而在国际竞争中取得规模优势，且政府与企业之间有完善的协商制度，富有合作性；公共服务方面，不同于新自由主义的公共选择理论，强调服务提供的标准化和地方政府间税收分配的公平性。

此外，与世界城市中以金融和生产性服务业为主不同，发展型城市区域的产业结构中仍保留大量的制造业总部和高科技生产功能，就业结构和收入分配相对较为均衡。在东京和首尔都市圈，由于传统社会存在一种对外部世界的文化敌意，对全球化的态度相对封闭和保守，缺少鼓励外来投资的机构，因此，城市区域中集聚的世界顶级跨国公司主要是本地企业，而不是外商投资的跨国公司，且政界和商界人士之间的密切关系意味着外界几乎难以渗透到城市区域的发展（Saito，2003）。有种说法认为，这些城市区域是本国跨国公司全球运营的国家基点，即全球性的国家城市，而不是无边界企业全球运营的全球基点，即通常所说的世界城市（Hill and Kim，2000）。

当然，东亚资本主义发展型国家的城市与区域发展路径，具有社会形态和文化意识的特殊性。一些研究将东亚国家在近几十年成为最有活力的增长区域归因于它们特殊的价值体系。这种"亚洲价值观"认为，在实现繁荣之前，民主仍是一种负担不起的奢侈品，强调集体责任高于个人主义，国家官员的"家长式作风"（paternalistic），模糊公私划分，推崇努力工作、节俭、储蓄和热爱家庭等等（Thompson，2001）。这种文化价值体系是在漫长的社会历史过程中形成，因此难以在其他地区被复制，也使发展型国家的模式缺乏整体的普适性。

三、面临的问题

20 世纪 90 年代后，受亚洲金融危机、国内经济增长停滞等威胁，东亚发展型国家正在探索城市与区域发展的适应性调整，一些结构性和制度性问题对发展路径改革提出要求（Hill and Fujita，2000；Stubbs，2009；Wong，2004；Lee et al.，2005；Pekkanen，2004；Minns，2001）。考虑全球化及后福特制工业体系的外部环境，面对更加灵活的区域产业结构以及跨国技术和金融网络，发展型国家在协调全球—地方关系、推动本地网络与全球网络进行整合方面缺乏灵活性；随着产业结构由传统制造业向高科技、高附加值产业转型，依靠引进国外现有知识和技术的赶超发展战略不再适用，国家决策者的引导作用减弱，必须依靠私营部门的能力，学习面对技术创新所固有的不可预测性和不确定性；随着与全球生产网络的联系深化以及自由市场意识影响下的进一步金融自由化，发展型国家通过直接政策干预来分配资源、管理市场和引导产业转型的尝试更加困难。

考虑国内政治体制环境，随着官僚体制更政治化，政党制度更官僚化，政府有效地平衡自主性和嵌入性的能力下降，容易出现政府与企业之间的寻租勾结，降低资源配置的有效性；成功的产业政策培育出不再依赖政府支持的强大的财阀企业，企业追求的目标可能与国家利益发生偏离；经济增长至上的共识不复存在，人口结构的转变意味着大量"非生产性"人口需要得到照顾，更多的妇女进入正式的劳动力市场也意味着政府需要更好地承担家庭照顾的角色，为了发展生产力而维持福利落后的状态不可持续，城市区域的发展政策需要追求经济增长之外的更广泛的目标；民主化浪潮削弱了发展型国家的专制基础，封闭和紧密联系的政治体系变得更加制度化与多元化，需要重新塑造政府与社会的关系。

第三节　中国新兴城市区域的多形态路径

一、中国新兴城市区域的特征

1978 年改革开放后，中国在完善市场机制和发挥政府作用之间走出了一条独具特色的增长道路。一些研究认为中国由计划经济向市场经济的转型是在新自由主义理念下的经济改革（Harvey，2005；Wu，2008，2010）。例如认为中国的对外开放是以往积累模式的危机的必要解决方式，通过将闲置的劳动力和土地储备注入全球资本循环，政府成功地在外国投资流入的同时获取资本盈余；土地流转和产权市场主导的城镇化进程类似于西方国家早期的资本原始积累；为解决现代市场经济和传统计划体制的不相容性，进行了市场化和私有化改革；加入世界贸易组织使中国进行进一步的贸易自由化改革。

一些研究则认为中国城市区域的发展路径更接近于其他东亚国家的发展型国家模式（Baek，2005；Knight，2014；林毅夫，2007；Zhu，2004；Yeung，2000）。政府以经济发展为优先目标，城市区域发展是对全球和区域经济转型的制度响应，是精心设计的政策和实践的结果，体现自上而下的中央政府的战略目标；国家制定产业政策，控制金融体系，为特定企业提供大量补贴和政策支持；与"二战"以后的"东亚四小龙"类似，中国的技术水平落后于发达国家，因此，可以以很低的成本引进、消化、吸收发达国家的技术知识，实现赶超战略；此外，政治集权下的经济分权，使中国地方政府转变为具有强烈发展意愿、有独立政策议程的"地方发展型国家"。

事实上，中国城市区域的快速崛起，并未遵循一条基于规范性原则的市场主导的新自由主义道路，也不同于扶持本国领先跨国财阀企业的发展型国家模式，产生的是多形态城市区域，有着多样化的地方发展战略和政策（王永钦等，2007；Howell，2006；顾朝林，2011；方创琳等，2005；方创琳，2011；姚士谋等，2010）。全球化下中国城市与区域发展的特殊性，在空间上对内表现为作为地域和人口大国的特殊的中央—地方关系及区域发展战略，对外则表现为拥有战略性资源控制权的"强政府"使高度流动的全球资本更多地"黏在"本地，为地方发展创造价值。

二、城市与区域发展路径

通过分权式改革、试验区建设等措施，国家尺度重构使部分决策能力下放到地方尺度，为中国城市区域的发展能动性提供了强有力的制度保障。在一般范围上，分权式改革通过"做对激励"而不是"做对价格"，调动地方政府的积极性，也促进了地区之间的竞争。全球化使城市区域之间的竞争日益激烈的现实条件下，对外贸易和吸引外商外资的权力下放，使地方政府有能力经营城市资源，吸引国内外要素流，提高城市区域的经济效益和国际影响力（张庭伟，2004）。在特定地域范围，国家则通过试验区的形式，通过分散试验和中央干预相结合，使地方试验被有选择地整合进国家政策当中，推进制度创新和维持总体社会经济稳定（Heilmann，2008；郝寿义、高进田，2006）。顺应经济全球化和完善社会主义市场经济体系的内外部要求，国家设立了 1979 年开始的经济特区，1985 年开始的沿海经济开放区，1990 年开始的上海浦东新区和保税区，2005 年开始的综合配套改革试验区，2013 年开始的自由贸易试验区等。作为地域性的行政规划单位，这些试验区被中央政府赋予广泛的自主权，以发达国家的良好经验为标尺，为推进经济管理现代化或促进外商投资等制定及尝试新政策。长江三角洲（以下简称"长三角"）、珠江三角洲（以下简称"珠三角"）等城市区域通过试验区的制度和实践创新，成为中国经济最具活力、及时适应国际国内形势以提升全球竞争力的先行区。

区域发展战略推动要素的有效配置，提高了城市区域的集聚优势和全球竞争力。改革开放后，我国的国土开发和经济布局愈来愈在更大的空间按经济规律运行（陆大道，2001）。20 世纪 80 年代开始，东部沿海地区依靠天然的区位优势和改革开放的先发优势，实现率先发展，形成长三角、珠三角和京津冀三大世界级城市区域，在外来资本的推动下快速扩张，从全球化的产物发展为推动全球化发展的重要力量（Chen，2007；刘玉、冯健，2008）；1999 年提出的西部大开发、2003 年的中部崛起和 2006 年的东北振兴等区域发展战略，投入大量资源和政策优惠措施，引领各地区发挥比较优势，增强区域发展的协调性；党的十八大以来，"一带一路"建设、京津冀协同发展、长江经济带发展三大战略，推动新一轮的要素集聚，形成区域发展新格局。中国对地域空间的管制，是政府通过区域规划及制定区域政策和措施，对一定范围的地域空间及其社会经济客体的职能、空间扩张及相互作用、资源、环境进行导向、约束、调配，以使地域空间可持续利用和社会经济可持续发展的行为与过程（陆大道，2009）。通过协调要素有效配置，优化生产力布局和空间结构，为区域发展设立经济、产业、社会、生态环境等多方面激励和约束机制，充分结合市场机制和政府干预作用，推动城市区域实现高质量的快速发展。

政府与外来投资跨国公司基于相对对等地位的协商，是利用全球化下高度动态性的要素流推动城市区域发展的重要前提。全球化下的大量出口和发达国家的产业转移是推动中国城市区域增长的重要力量，城市区域成为联系全球—地方网络的主要载体以及国家参与国际竞争的主要形式（Poelhekke and Ploeg，2008）。城市区域在特殊的体制和经济社会结构下，通过区域资产的转化与全球生产网络进行动态的战略耦合，在与全球商品、资本、劳动力、技术等要素流的相互塑造中进行价值的创造、提升和俘获，借助全球生产网络带来的机会窗口实现快速发展（Henderson et al.，2002；Coe et al.，2004）。这一发展速度与区域资产的厚度及其与全球生产网络的耦合程度有很大关系。如果区域资产无法与跨国公司的需求进行战略耦合，城市区域有发展成为高度依赖外部力量的卫星产业区的风险，随着生产成本上升，可能由于跨国公司的脱嵌而失去竞争力（Wei et al.，2009；Wei，2010）。由于中国特殊的要素禀赋、发展条件和经济体制，政府拥有对于跨国公司高度重要的本地战略性资产的控制权以及实际实施这种控制的权力。由于面对跨国公司有较强的谈判权力，政府能够引导跨国公司与本地企业建立高度复杂的生产网络关系，扶持本地产业发展，培育城市区域的内生增长能力（Liu and Dicken，2006）。

三、面临的问题

当然，由于社会主义市场经济体系还未完善，中国城市区域发展的多形态路径也伴随着多样化的制度问题。对内而言，由于旧有的行政分区，随着区域经济进一步整合，行政边界的分割限制要素流动，集聚效应难以充分体现，需要建立对应的空间治理秩序，增强城市区域的内部合作（Ye，2013）；内生于分权式改革的相对绩效评估，可能导致城乡和地区间收入差距的持续扩大、地区之间的市场分割和公共事业的公平缺失等问题，需要进一步的合理改革（王永钦等，2007）；区域发展战略可能导致一些地区盲目发展不具备发展条件和比较优势的高附加值产业，忽视基础产业的发展及其现代化，降低资源的配置效率（陆大道，2003）；强调经济增长的政绩考核使政府对社会民生和生态环境等关注不足，社会发展没有跟上经济增长速度，部分地区的高速增长付出了巨大的环境代价，影响未来的可持续性。

对外而言，与跨国公司的谈判地位需要区域战略性资产及政府强大的控制权力作支撑，这取决于中央政府赋予城市区域的政策灵活性，也取决于决策者的治理能力，更多时候，城市区域对外来投资仍有很高的经济依赖性；由于外商直接投资在经济增长、产业升级、技术进步、增加就业等多方面的拉动作用，城市区域之间围绕吸引外来投资的竞争十分激烈，这一方面赋予了跨国公司更高的谈判权力，另一方面也造成了严重的产业同构问题，区域资产的特殊性没有被充分考虑；随着产业发展逐渐接近行业前沿，发展型国家赶超战略所面临的确定性信息减少、制定有效的产业政策的难度增加的问题，在中国最发达的城市区域也逐渐显现，培育内生创新能力是当下城市区域需要解决的重大挑战。

第四节 后危机时代城市区域发展的多样化路径

一、后危机时代的路径探索

主流世界城市理论源于欧美经验，在这一概念下建立的世界城市等级体系，是为跨国垄断资本的全球扩张服务，强化了核心—边缘的空间不平衡意象。这一等级制理论将少数城市区域树立为标杆，认为发展中国家的城市区域需要诊断和改革，从而试图将新自由主义的意识形态和发展模式输出到经济、社会、文化环境完全不同的地区。随着内生的金融危机和收入差距扩大等问题的不断积累，新自由主义作为资本主义全球化所基于的意识形态正在逐渐崩塌。

对于发展中国家，东亚发展型国家城市区域实现的相对均衡的快速增长似乎更有借鉴意义。但源于东亚国家特殊制度体制和文化价值体系的发展模式难以在其他地区被复制（Routley，2014），且全球化外部联系越加复杂的影响下，其政府主导发展的有效性也受到诸多限制。一些研究认为，东亚城市区域正在出现新自由主义转变趋势，发展型国家模式的核心性质面临挑战（Lim and Jang，2006）。对于一些人，中国提供了一种成功的政府主导的市场经济模式（Kobrin，2017）。中国所提出的包容性全球化，包括国家应发挥好"调节者"的角色、解决资本市场"期限错配"的问题、选择适合国情的发展道路、保障各方平等地参与全球化等核心内涵（刘卫东等，2017），提供了后危机时代建立全球化新秩序的可能思路。

事实上，由于城市区域存在经济发展水平、资源分配规则、社会分层结构、文化价值体系、政治体制和权力结构等方面的特殊背景环境（Scott and Storper，2015），大量城市区域在全球化作用下呈现出多样化的发展路径，任何一种意识形态或发展模式都无法普遍适用于所有个体（Robinson and Roy，2016）。罗伊（Roy，2009）指出，21世纪的城市区域研究，应该更加注重多样性和差异化的地域背景，尤其关注西方世界之外、在世界生产交易循环中产生的现代化。从学术角度更广泛地思考不同城市区域的发展动力和经验，也有利于激发创造性的发展政策和实践（Parnell and Robinson，2013）。

二、城市与区域发展的关键议题

即使全球化使社会不平等、贫困、失业、社会福利缺失等问题更加突出，但要素流动越来越复杂的全球生产网络使城市区域之间的发展难以分割，反全球化、逆全球化的想法不切实际。在全球化和新自由主义扩大影响力的时代，当各国政府越来越无力或不愿满足其管辖范围内的每一个地区或部门利益时，城市区域要么主动加强治理，要么只能面对不作为的消极后果（Scott，2008）。面对共同的全球性发展难题，不同意识形态下的城市区域都在对各自的发展模式进行调整，寻求最优发展路径。

总体来看，越来越多的讨论围绕以下几组概念的关系进行。首先是全球、国家与地方的关系。全球化使城市区域能够利用更大范围的流动要素进行产业发展与升级，尤其为发展中国家的城市区域创造大量机会窗口。但相对于灵活性更高的跨国资本，固定在特定地域的城市区域具有谈判劣势，面临创造的价值大量流出、无法为本地发展服务的风险。为了在高度动态性的全球流空间中获取更多价值，相对于限制要素跨边界流动的地方保护主义，协调好全球—地方关系，推动本地网络与全球网络的深度整合，更能提高城市区域的全球竞争力，保证城市区域发展的活力。新自由主义使一些城市区域完全受制于全球化资本逻辑，出现难以调和的经济和社会危机；发展型国家模式注重本地产业的培育，但在与全球流动要素的联系日益紧密的情况下，产业政策的有效性受到挑战。两种模式都曾经创造快速增长的成功经验，但在其他地区的复制过程中问题逐渐凸显。归根结底，全球—区域—国家—地方关系的协调，极大取决于特定城市区域的经济、社会、文化和制度环境。中国利用国内市场、完整产业链等战略性资产以及政府实施资产控制权的能力，提高与跨国公司的相对谈判地位，成功地利用全球化要素推动了本地产业发展，形成内生增长动力。这种大国发展模式无法应用于地域规模和经济体量较小的其他发展中国家，但为城市区域在当下处理全球—地方关系，抓住全球化机遇的同时保持地方发展自主性，提供了最为可行的思路。

其次是市场与政府的关系。市场与政府的作用，是不同意识形态之间争论的焦点。新自由主义认为市场主导能够实现资源的最优配置，政府干预将导致价格扭曲，降低经济效率；发展型国家则坚持政府的作用，协调要素配置以提高城市区域的全球竞争力；中国从计划经济向市场经济转型的渐进性改革，正在不断探索市场与政府作用的协调。事实上，由于城市区域中生产活动的内在集体性以及复杂的外部性，市场本身无法确保生产和分配达到最优，那些有能力提供关键性协调工作和临时性指导服务的规则制定机构，就有必要扮演积极的角色（斯科特，2015）。不过政府干预面临信息不对称、道德风险等委托—代理问题，尤其是随着创新成为最重要的生产要素，政府发挥作用的途径需要不断的改革创新。全球化下资本市场的作用越来越强且更加具有波动性和不确定性的情况下，城市区域发展面临的主要挑战之一，是如何确定政府干预的合理范围和程度，解决市场无法协调的负外部性。关键在于市场与政府作用的结合如何更好地推动城市区域发展，而不应该局限于新自由主义、社会民主、社会主义等意识形态之争。

最后是经济增长与社会公平的关系。在物质财富仍是居民最主要的需求时，城市区域能够将提高经济效率作为发展重点，即使资本积累可能使贫富差距等问题愈演愈烈。全球化下，为提高城市区域的全球竞争力，大量资源被投入吸引全球要素的设施项目，可能导致城市区域越来越成为全球地区而与本地社会脱嵌。新自由主义的市场化、私有化、贸易自由化使收入差距扩大成为资本扩张的必然的副产品，政府零干预的主张又削减了政府提供社会福利、补偿获取财富能力下降的群体的职能；发展型国家实现较为均衡的经济增长的模式受到广泛肯定，但由于现有制度无法保证官僚体制的"嵌入性自主"，难以在实施满足国家战略性目标的政策的同时更好地为社会民众的需求服务，过于密切的政商关系也使经济增长的资本需求更加与本地民众脱离；中国的分权式改革和区域发展战略有效地推动了经济增长，但也导致了空间发展不均衡加剧的社会福利差距。全球化提高了城市区域的居民生活的脆弱性，为本地社会需求负责的治理尺度却更加模糊。国际、国家、区域、地方等多尺度治理组织，应该更加重视社会公平的治理与监管，使地方居民实实在在地分享到全球化所创造的大量财富。

参 考 文 献

Anttiroiko, A. V. City Branding as a Response to Global Intercity Competition. *Growth and Change*, 2015, 46(2): 233-252.

Baek, S. W. Does China Follow "the East Asian Development Model"? *Journal of Contemporary Asia*, 2005,

35(4): 485-498.

Bassens, D., Van-Meeteren, M. World Cities under Conditions of Financialized Globalization: Towards an Augmented World City Hypothesis. *Progress in Human Geography*, 2015, 39(6): 752-775.

Brenner, N. Global, Fragmented, Hierarchical: Henri Lefebvre's Geographies of Globalization. *Public Culture*, 1997, 10(1): 135-167.

Brenner, N. Global Cities, Glocal States: Global City Formation and State Territorial Restructuring in Contemporary Europe. *Review of International Political Economy*, 1998, 5(1): 1-37.

Brenner, N., Peck, J., Theodore, N. After Neoliberalization? *Globalizations*, 2010, 7(3): 327-345.

Bunnell, T., Maringanti, A. Practicing Urban and Regional Research Beyond Metrocentricity. *International Journal of Urban and Regional Research*, 2010, 34(2): 415-420.

Castells, M. *The Space of Flows*. Wiley Online Library, 1996.

Chen, X. M. A Tale of Two Regions in China: Rapid Economic Development and Slow Industrial Upgrading in the Pearl River and the Yangtze River Deltas. *International Journal of Comparative Sociology*, 2007, 48(2-3): 167-201.

Coe, N. M., Hess, M., Yeung, H. W. C., et al. "Globalizing" Regional Development: A Global Production Networks Perspective. *Transactions of the Institute of British Geographers*, 2004, 29(4): 468-484.

Dupont, V. The Dream of Delhi as a Global City. *International Journal of Urban and Regional Research*, 2011, 35(3): 533-554.

Fainstein, S. Inequality in Global City-Regions. *DISP*, 2012, 37(144): 20-25.

Florida, R., Gulden, T., Mellander, C. The Rise of the Mega-region. *Cambridge Journal of Regions Economy and Society*, 2008, 1(3): 459-476.

Han, S. S. Global City Making in Singapore: A Real Estate Perspective. *Progress in Planning,* 2005, 64: 69-175.

Harvey, D. Between Space and Time: Reflections on the Geographical Imagination. *Annals of the Association of American Geographers*, 1990, 80(3): 418-434.

Harvey, D. Globalization and the Spatial Fix. *Geographische Revue*, 2001, 2(3): 23-31.

Harvey, D. *A Brief History of Neoliberalism*. Oxford: Oxford University Press, 2005.

Henderson, J., Dicken, P., Hess, M., et al. Global Production Networks and the Analysis of Economic Development. *Review of International Political Economy*, 2002, 9(3): 436-464.

Hill, R. C., Fujita, K. State Restructuring and Local Power in Japan. *Urban Studies*, 2000, 37(4): 673-690.

Hill, R. C., Kim, J. W. Global Cities and Developmental States: New York, Tokyo and Seoul. *Urban Studies*, 2000, 37(12): 2167-2195.

Howell, J. Reflections on the Chinese State. *Development and Change*, 2006, 37(2): 273-297.

Knight, J. China as a Developmental State. *World Economy*, 2014, 37(10): 1335-1347.

Kobrin, S. J. Bricks and Mortar in a Borderless World: Globalization, the Backlash, and the Multinational Enterprise. *Global Strategy Journal*, 2017, 7(2): 159-171.

Koch, N. Why Not a World City? Astana, Ankara, and Geopolitical Scripts in Urban Networks. *Urban Geography*, 2013, 34(1): 109-130.

Lee, K., Lim, C., Song, W. Emerging Digital Technology as a Window of Opportunity and Technological Leapfrogging: Catch-up in Digital TV by the Korean Firms. *International Journal of Technology Management*, 2005, 29(1-2): 40-63.

Lefebvre, H., Nicholson-Smith, D. *The Production of Space*. Oxford: Oxford Blackwell, 1991.

Lim, H. C., Jang, J. H. Neo-liberalism in Post-crisis South Korea: Social, Conditions and Outcomes. *Journal of Contemporary Asia*, 2006, 36(4): 442-463.

Liu, W. D., Dicken, P. Transnational Corporations and "Obligated Embeddedness": Foreign Direct Investment in China's Automobile Industry. *Environment and Planning A*, 2006, 38(7): 1229-1247.

Marull, J., Font, C., Boix, R. Modelling Urban Networks at Mega-Regional Scale: Are Increasingly Complex Urban Systems Sustainable? *Land Use Policy*, 2015, 43: 15-27.

Minns, J. Of Miracles and Models: The Rise and Decline of the Developmental State in South Korea. *Third World Q*, 2001, 22(6): 1025-1043.

Olds, K., Yeung, H. W. C. Pathways to Global City Formation: A View from the Developmental City-state of Singapore. *Review of International Political Economy*, 2004, 11(3): 489-521.

Parnell, S., Pieterse, E. The "Right to the City": Institutional Imperatives of a Developmental State. *International Journal of Urban and Regional Research*, 2010, 34(1): 146-162.

Parnell, S., Robinson, J. (Re)theorizing Cities from the Global South: Looking Beyond Neoliberalism. *Urban Geography*, 2013, 33(4): 593-617.

Pekkanen, R. After the Developmental State: Civil Society in Japan. *Journal of East Asian Studies*, 2004, 4(3): 363-388.

Phelps, N., Waley, P. Capital Versus the Districts: A Tale of One Multinational Company's Attempt to Disembed Itself. *Economic Geography*, 2004, 80(2): 191-215.

Poelhekke, S., Ploeg, F. Globalization and the Rise of Mega-Cities in the Developing World. *Cambridge Journal of Regions, Economy and Society*, 2008, 1(3): 477-501.

Radice, H. The Developmental State under Global Neoliberalism. *Third World Quarterly*, 2008, 29(6): 1153-1174.

Reades, J., Smith, D. A. Mapping the "Space of Flows": The Geography of Global Business Telecommunications and Employment Specialization in the London Mega-City-Region. *Regional Studies*, 2014, 48(1): 105-126.

Robinson, J. Global and World Cities: A View from off the Map. *International Journal of Urban and Regional Research*, 2002, 26(3): 531-554.

Robinson, J., Roy, A. Debate on Global Urbanisms and the Nature of Urban Theory. *International Journal of Urban and Regional Research*, 2016, 40(1): 181-186.

Rock, M., Murphy, J. T., Rasiah, R., et al. A Hard Slog, not a Leap Frog: Globalization and Sustainability Transitions in Developing Asia. *Technological Forecasting and Social Change*, 2009, 76(2): 241-254.

Routley, L. Developmental States in Africa? A Review of Ongoing Debates and Buzzwords. *Development Policy Review*, 2014, 32(2): 159-177.

Roy, A. The 21st-Century Metropolis: New Geographies of Theory. *Regional Studies*, 2009, 43(6): 819-830.

Saito, A. Global City Formation in a Capitalist Developmental State: Tokyo and the Waterfront Sub-centre Project. *Urban Studies*, 2003, 40(2): 283-308.

Saito, A., Thornley, A. Shifts in Tokyo's World City Status and the Urban Planning Response. *Urban Studies*, 2003, 40(4): 665-685.

Sassen, S. *The Global City: New York, London, Tokyo*. Princeton: Princeton University Press, 1991.

Sassen S. *Cities in a World Economy*. Thousand Oaks: Pine Forge Press, 1994.

Scott, A. J. Regional Motors of the Global Economy. *Futures*, 1996, 28(5): 391-411.

Scott, A. J. Globalization and the Rise of City-regions. *European Planning Studies*, 2001, 9(7): 813-826.

Scott, A. J. Resurgent Metropolis: Economy, Society and Urbanization in an Interconnected World. *International Journal of Urban and Regional Research*, 2008, 32(3): 548-564.

Scott, A. J., Storper, M. The Nature of Cities: The Scope and Limits of Urban Theory. *International Journal of Urban and Regional Research*, 2015, 39(1): 1-15.

Smith, R. G. Beyond the Global City Concept and the Myth of "Command and Control". *International Journal of Urban and Regional Research*, 2014, 38(1): 98-115.

Stiglitz, J. E. More Instruments and Broader Goals: Moving toward the Post-Washington Consensus. In Atkinson, A. B., Basu, K., Bhagwati, J. N., et al.(eds.), *Wider Perspectives on Global Development*. London: Palgrave Macmillan, 2005: 16-48.

Stock, W. Informational Cities: Analysis and Construction of Cities in the Knowledge Society. *Journal of the American Society for Information Science and Technology*, 2011, 62(5): 963-986.

Stubbs, R. What Ever Happened to the East Asian Developmental State? The Unfolding Debate. *The Pacific Review*, 2009, 22(1): 1-22.

Thompson, M. R. Whatever Happened to "Asian Values"? *Journal of Democracy*, 2001, 12(4): 154-165.

Timberlake, M. The Polycentric Metropolis: Learning from Mega-City Regions in Europe. *Journal of the American Planning Association*, 2008, 74(3): 384-385.

Timberlake, M., Wei, Y. D., Ma, X., et al. Global Cities with Chinese Characteristics. *Cities*, 2014, 41: 162-170.

Van-der-Ploeg, F., Poelhekke, S. Globalization and the Rise of Mega-cities in the Developing World. *Cambridge Journal of Regions, Economy and Society*, 2008, 1(3): 477-501.

Ward, K., Jonas, A. Competitive City-regionalism as a Politics of Space: A Critical Reinterpretation of the New Regionalism. *Environment and Planning A*, 2004, 36: 2119-2139.

Wei, Y. H. D. Beyond New Regionalism, beyond Global Production Networks: Remaking the Sunan Model, China. *Environment and Planning C: Government and Policy*, 2010, 28(1): 72-96.

Wei, Y. H. D., Lu, Y. Q., Chen, W. Globalizing Regional Development in Sunan, China: Does Suzhou Industrial Park Fit a Neo-Marshallian District Model? *Regional Studies*, 2009, 43(3): 409-427.

Wong, J. The Adaptive Developmental State in East Asia. *Journal of East Asian Studies*, 2004, 4(3): 345-363.

World Bank. *World Development Report 1997: The State in a Changing World*. New York: Oxford University Press, 1997.

Wu, F. L. China's Great Transformation: Neoliberalization as Establishing a Market Society. *Geoforum*, 2008,

39(3): 1093-1096.

Wu, F. L. How Neoliberal is China's Reform? The Origins of Change during Transition. *Eurasian Geography and Economics*, 2010, 51(5): 619-631.

Ye, L. Urban Transformation and Institutional Policies: Case Study of Mega-region Development in China's Pearl River Delta. *Journal of Urban Planning and Development*, 2013, 139(4): 292-300.

Yeung, H. W. C. Governing the Market in a Globalizing Era: Developmental States, Global Production Networks and Inter-firm Dynamics in East Asia. *Review of International Political Economy*, 2014, 21(1): 70-101.

Yeung, H. W. C. Local Politics and Foreign Ventures in China's Transitional Economy: The Political Economy of Singaporean Investments in China. *Political Geography*, 2000, 19(7): 809-840.

Yeung, H. W. C. Regional Development and the Competitive Dynamics of Global Production Networks: An East Asian Perspective. *Regional Studies*, 2009, 43(3): 325-351.

Zhu, J. M. Local Developmental State and Order in China's Urban Development during Transition. *International Journal of Urban and Regional Research*, 2004, 28(2): 424-447.

方创琳："中国城市群形成发育的新格局及新趋向",《地理科学》,2011 年第 9 期。

方创琳、宋吉涛、张蔷等："中国城市群结构体系的组成与空间分异格局",《地理学报》,2005 年第 5 期。

顾朝林："城市群研究进展与展望",《地理研究》,2011 年第 5 期。

郝寿义、高进田："试析国家综合配套改革试验区",《开放导报》,2006 年第 2 期。

Heilmann, S.："中国经济腾飞中的分级制政策试验",《开放时代》,2008 年第 5 期。

林毅夫："李约瑟之谜、韦伯疑问和中国的奇迹——自宋以来的长期经济发展",《北京大学学报》,2007 年第 4 期。

刘卫东、Dunford, M.、高菠阳："'一带一路'倡议的理论建构——从新自由主义全球化到包容性全球化",《地理科学进展》,2017 年第 11 期。

刘卫东等:《2009 中国区域发展报告:西部开发的走向》,商务印书馆,2010 年。

刘晔、李志刚、吴缚龙："1980 年以来欧美国家应对城市社会分化问题的社会与空间政策述评",《城市规划学刊》,2009 年第 6 期。

刘玉、冯健："中国区域城镇化发展态势及战略选择",《地理研究》,2008 年第 1 期。

陆大道："论区域的最佳结构与最佳发展——提出'点—轴系统'和'T'形结构以来的回顾与再分析",《地理学报》,2001 年第 2 期。

陆大道："中国区域发展的新因素与新格局",《地理研究》,2003 年第 3 期。

陆大道："关于我国区域发展战略与方针的若干问题",《经济地理》,2009 年第 1 期。

沈丽珍、顾朝林、甄锋："流动空间结构模式研究",《城市规划学刊》,2010 年第 5 期。

世界银行,财政部世界银行业务司译:《东亚奇迹:经济增长与公共政策》,中国财政经济出版社,1995 年。

斯科特,郭磊贤译："全球城市地区:新自由主义世界中的规划与政策悖论",《城市与区域规划研究》,2015 年第 3 期。

王永钦、张晏、章元等："中国的大国发展道路——论分权式改革的得失",《经济研究》,2007 年第 1 期。

吴缚龙、李志刚、何深静："打造城市的黄金时代——彼得·霍尔的城市世界",《国际城市规划》, 2004 年第 4 期。

吴志强："'全球化理论'提出的背景及其理论框架"，《城市规划学刊》，1998 年第 2 期。

姚士谋、李青、武清华等："我国城市群总体发展趋势与方向初探"，《地理研究》，2010 年第 8 期。

禹贞恩：《发展型国家》，吉林出版集团，2008 年。

约翰逊著，金毅、许鸿艳、唐吉洪译：《通产省与日本奇迹：产业政策的成长（1925～1975）》，吉林出
    版集团，2010 年。

张庭伟："新自由主义·城市经营·城市管治·城市竞争力"，《城市规划》，2004 年第 5 期。

第二章 城镇群及其空间范围

目前，城镇群在我国日益受到关注，被认为是国家参与全球竞争与国际分工的全新地域单元，是加快推进城镇化进程和城乡统筹的主体空间形态，是我国未来经济发展最具活力和潜力的核心增长极，决定着我国经济发展的态势和格局。因此，研究城镇群空间结构及其空间范围以辅助城镇群空间规划具有重要意义。本章解析了城镇群内涵、国内外城镇群的形成过程，分析并总结了城镇群空间范围的界定原则和常用的界定方法，在此基础上构建了多层级城镇群空间范围识别方法并以京津冀城镇群为例开展案例应用研究。

第一节 城镇群及其形成

一、城镇群的内涵

国外研究并没有与"城镇群"直接对应的概念，但相关研究由来已久。埃比尼泽·霍华德（2000）早在 1898 年《明日的田园城市》（*Garden Cities of Tomorrow*）中就提出"城镇群体"（town cluster）的概念，之后出现的与中国城镇群相近的概念有"大都市带"（megalopolis）（Gottmann，1957）、"巨型城市区"（mega-city）（Friedmann，1986）、"全球城市区域"（Scott，2002）、美国"都市区"（metropolitan area）（方创琳，2009）、日本"都市圈"（张伟，2003）、城市"密集区"（conurbation）（Dickinson，1967）。其中，美国的"都市区"与日本的"都市圈"概念相类似，与中国的城镇群概念较为接近。"都市区"是指有一个大于 5 万人口的城市化核心区，围绕核心的都市区有中心县和外围县。日本的"都市圈"是指由一个或多个核心城市以及与其有密切社会经济联系的、具有一体化倾向的邻接城镇与地区组成的圈层结构。中国学者将上述一系列概念应用到中国，出现了"城镇群"的概念，但由于对国外相关概念的理解与翻译存在差异，国内对城镇群还缺乏统一的认识。胡序威（2003）、方创琳（2009）、姚士谋（1992）、顾朝林（2011）、周一星（1988）等国内著名学者对城镇群定义均持有各自的观点。各学者关于中国城镇群的定义虽不同但存在共识：城镇群是一群空间组织紧凑、相互联系的城市组成地域单元；城镇群体现社会经济一体化的群体特征；有一个或多个核心城市。各概念在空间尺度有相似之处，也存在不同。表 2–1 从空间尺度序列简要描述了各个概念的基本内涵，该系列概念在空间尺度上由小到大，也反映了城镇群的发育、形成和发展过程。

表 2–1　城镇群相关概念（或发展阶段）

概念（或发展阶段）	含　义
都市区	由核心城市及其外围的中心县或外围县（类似于中国的地级市）组成
都市圈	由一个或多个核心城市及其周围的邻接城镇或地区组成的圈层结构地区
城镇群	有一个或多个核心城市的空间临近的城市密集区域
大都市带	由都市区或城镇群组成的空间紧凑的城市密集区

其中，都市区、都市圈和城镇群在概念与尺度上相似。与之相似的概念还有"城市区域"（city region）、"巨型城市"（mega-city）。周一星提出的"都市连绵区"（metropolitan interlocking region）用于描述中国沿海地区的城市密集发展、空间连续的现象，该概念与"大都市带"接近。各概念是不同的学者根据相关研究提出的，有各自的衡量指标和阈值，通常是基于各自的研究区域提出，各类概念及衡量标准难以在全球范围内推广认同，因此这里不对衡量标准作争论。

关于城镇群空间结构中国学者开展了大量的研究。早在 20 世纪 90 年代初，顾朝林（1991）利用图论分析了中国城市经济区划，该研究在评价城市综合实力、分析城市空间结构的基础上从全国层面初步划分了经济区划。该研究虽然没有出城镇群的概念，但就其研究内容和结论，较早地开辟了中国城镇群的研究。随着经济全球化的逐步深入，国际劳动地域分工进一步分化，人流、物流、资金流、技术流等在城市间快速流动。城市依托"流空间"越来越多地参与到全球范围内各种尺度的经济活动和要素流动中，全球城市网络逐渐显现并成为学术界关注的前沿和热点（高鑫等，2012；Taylor et al.，2013；Scott，2002）。在上述背景下，城镇群空间结构研究转向网络化、动态性和多中心的城市体系研究。按研究尺度，国外研究大致可分为"世界城市网络"和"多中心城市区域"两大学派（O'Connor and Fuellhart，2012；Levy，2010；Hu et al.，2012；Hoyler and Watson，2013；Derudder and Witlox，2005），主要通过企业组织、基础设施和社会文化机制等实证路径研究城市网络空间结构。近年来，国内学术界对于城市网络体系的认识不断深化，相关视角的研究逐渐增加，主要集中于企业组织、交通网络、互联网通信等方面（董青等，2010；赵渺希等，2014；薛俊菲，2008；王珏等，2014；汪明锋、宁越敏，2006；路旭等，2012）。常用的网络分析方法基于统计信息分析出网络结构，如网络密度、网络中心势、关联度等，但较少关注更具体层面城镇群内不同等级的城市的相互作用关系。城镇群一般涉及多达数十个城市，两两城市间均存在经济联系，构成复杂的网络关系，分析评估工作量以指数形式增长，这为全面分析城镇群的经济联系带来了困难，加之城市间联系流数据获取的难度，使得城镇群研究过程中网络法在现实研究中未能得到很好开展。

克里斯塔勒（Christaller，1966）的中心地理论关于区域城市数量和规模等级的研究是从理论层面对城镇群空间结构系统完整的阐述。根据中心地理论，区域内城市存在等级结构，各级城市拥有各自的服务范围，在该服务范围内存在不同等级的更小规模的城市。据此，城镇群地区应分布着不同等级的城市，各城市有着各自的辐射范围，构成多层级结构。

二、全球城镇群

1898 年，霍华德提出"城镇群体"概念，该概念在地域尺度上较小，有别于中国的城镇群。20 世纪初发达国家就开始了城市化研究（Geddes，1915），聚焦于基于城市的城郊系统，理论上的解释主要源自规模经济和比较优势。戈特曼（Gottmann，1961）于1961 年使用"大都市带"描述美国和欧洲的一类城市集聚区，该类区域最初每个中心城市服务于其自身社区和腹地。随着各个城市的进一步发展，各个城市在增长的同时进一步专业化。专业化使得各个城市进一步独立，而竞争促进各个城市增长。随着大都市区的不断发展，彼此相互叠加形成大都市带。大都市带的形成是全球市场中规模经济和比较优势所致。戈特曼所描述的这一城市化形态的基础是发达国家的研究理论和案例，到20 世纪 80 年代受到了挑战。麦吉（McGee，1989）等人通过对亚洲国家的城市化过程和模式进行研究，认为亚洲等非发达国家出现了新的城市化集聚状态，他们认为，基于城市的城市化过程可能并不是亚洲城市发展的唯一可能形式，并认为存在着眼于区域的城市化形式。首先，麦吉认为城乡空间分离的城市化形态虽被广泛接受，但是狭隘的；其次，城市中心的规模效益和比较优势导致城市化转型之论断的依据不足；最后，用西方发达国家城市转型经验解释亚洲的城市化过程是不科学的。麦吉使用"desakota"描述亚洲的城市化现象，即分散的基于区域的城市化，在该地区，城乡高度融合，紧密联系，特点是：人口密集，与周围城市有着紧密联系，有着发达的基础设施、大量的廉价劳动力，有着一体化的环境区域，与全球经济有着紧密联系。随后，扩展大都市区在日本、中国、新加坡等国家都进行了大量研究（Sit，1996，2001）。

"美国 2050"空间战略规划将巨型都市区域规划作为重要内容。其确定巨型都市区域的主要依据是：具有共享的资源与生态系统、一体化的基础设施系统、密切的经济联系、相似的居住方式和土地利用模式以及共同的文化和历史（刘慧等，2013）。巨型都市区域内各大都市之间的界限模糊，是一个更具全球竞争力的综合区域，是政府投资和政策制定的新的空间单元。"美国 2050"空间战略规划设定了一套科学的量化指标进行巨型都市区域的界定。首先，该区域必须属于美国的核心统计区域；其次，人口密度大于200 人/平方千米，且 2000～2050 年人口密度需增加 50 人/平方千米；再次，人口增长率大于15%，2020 年总人口增加 1 000 万人；最后，就业率增加 15%，2025 年总就业岗位大于 2 万个。根据以上指标，"美国 2050"空间战略规划于 2009 年 11 月确定了 11个巨型都市区域，分别是：东北地区、五大湖地区、南加利福尼亚、南佛罗里达、北加利福尼亚、皮德蒙特地区、亚利桑那阳光走廊、卡斯卡底、落基山脉山前地带、沿海海湾地区和得克萨斯三角地带。这些区域只覆盖美国 31%的县和 26%的国土面积，却拥有74%的人口。2007 年美国区域规划协会与林肯土地政策研究所发布了关于巨型都市区域规划的阶段性研究成果，包括加利福尼亚地区面临的挑战分析、得克萨斯三角地带的经济融合与交通走廊规划等。2011 年 4 月又发布了东北巨型都市区域"2040 年城市增长规划"。其他巨型都市区域也相继开展了一些规划工作。巨型都市区域已成为美国空间战略规划的一个基本区域单元。

20 世纪 80 年代欧盟就提出了空间规划（spatial planning）概念，并先后启动了多项空间规划研究计划（刘慧等，2008）。1988 年欧盟立法委员会正式启动欧洲标准区域划分（NUTS）工作，标志着欧洲空间规划的开始；1997 年启动欧洲空间发展远景战略（ESDP），1999 年完成；在此基础上制定了欧洲空间规划研究计划（SPESP，2000）。为了有效地落实和监测这些计划的实施，欧盟还制定了一系列的政策保障措施和评估指标体系以及动态观测网络。欧盟空间规划也提出了"地域凝聚""多中心发展"等与城镇群相近的概念。

目前国际公认的全球城镇群有美国东北部大西洋沿岸城镇群、北美五大湖城镇群、日本太平洋沿岸城镇群、英国以伦敦为核心的城镇群、欧洲西北部城镇群、中国长三角城镇群。①美国东北部大西洋沿岸城镇群人口 4 500 万人，占美国总人口的 20%。面积13.8 万平方千米，占美国总面积的 1.5%。北起波士顿，南至华盛顿，故又被称作"波士华"，共包括 200 多座城镇。主要城市有波士顿、纽约、费城、巴尔的摩、华盛顿。该城镇群是美国经济的核心地带，制造业产值占全国的 30%。这里不仅是美国最大的商业贸易中心，而且也是世界最大的国际金融中心。②北美五大湖城镇群人口约 5 000 万人，面积约 24.5 万平方千米，分布于北美五大湖沿岸，跨美国和加拿大两国，主要城市有芝加哥、底特律、克里夫兰、匹兹堡、多伦多、蒙特利尔。该城镇群与美国东北部大西洋沿岸城镇群共同构成北美制造业带，目前形成了五大钢铁工业中心。③日本太平洋沿岸城镇群人口近 7 000 万人，占日本总人口的 61%。面积约 10 万平方千米，约占全国总面积的 20%。一般分为以东京为中心的东京城市圈、以大阪为中心的大阪城市圈、以名古屋为中心的中京城市圈。主要城市有东京、横滨、静冈、名古屋、京都、大阪神户。该城镇群是全国政治、经济、文化、交通中枢，分布着日本 80% 以上的金融、教育、出版、信息和研究开发机构。④英国以伦敦为核心的城镇群人口 3 650 万人，约占英国人口的一半。面积约 4.5 万平方千米，约为英国总面积的 1/5，位于以伦敦为核心，以伦敦—利物浦为轴线的地区。主要城市/地区有大伦敦地区、伯明翰、谢菲尔德、曼彻斯特、利物浦。大伦敦区、英格兰东南部和东部这三个区域政府所辖范围，在财富上已经大大超过整个不列颠的任何地区。伦敦是欧洲最大、同时也是世界三大金融中心之一。⑤欧洲西北部城镇群人口约 4 600 万人，面积约 14.5 万平方千米，由大巴黎地区城镇群、莱茵—鲁尔城镇群、荷兰比利时城镇群构成。主要城市有巴黎、阿姆斯特丹、鹿特丹、海牙、安特卫普、布鲁塞尔、科隆。这是一个超级城市带，其中，10 万人口以上的城市有 40 座。巴黎是西欧重要的交通中心之一。⑥中国的长三角城镇群包括以上海为中心的 16 个城市，将全面合作，力求在较短时间内倾力打造出让世人瞩目的又一个世界城镇群。这个城镇群的经济特征是高科技—知识密集型。长三角经济圈产业门类齐全，是中国最大的综合性工业区。

三、中国城镇群的形成及扩张特征

20 世纪 80 年代以来中国的城镇化快速发展，涉及大量的人口和经济活动。受技术进步、全球化、通信系统、社会组织系统完善等多种因素的影响，加之改革开放政策的实施，中国沿海巨型城镇区域得以不断发展。2008 年全球金融风暴在中国乃至世界范围内引起了又一次转变，可能对中国未来城镇发展带来巨大影响。之后中国政府意识到过去靠出口和外资驱动的经济增长将不再安全，也难以持续。中国的"十一五"和"十二五"发展规划重点强调内需，至此中国的中部和内陆地区得到了战略上的进一步重视，该地区是中国东部沿海地区和西部地区的桥梁。在此期间，四川、湖南、湖北、重庆等地区得益于一系列的优惠政策吸引产业，而香港、广东、福建和上海等地区是产业的主要来源地。长株潭地区、成渝地区、武汉经济圈也得到了进一步的发展，逐步形成城镇群。近年来，中国高速铁路飞速发展，进一步促进了巨型城镇区域的发展，也将加强区域间尤其是沿海和内陆区域的联系，更多的货物、资金和劳动力将在区域间流动，促进人力物力的集聚，推动城镇群的发展。除此以外，电脑、手机等通信技术的发展以及网络技术的应用，不断改变着人们的生产生活以及商业模式，电子商务逐渐覆盖生产和服务等各个领域，几乎各类商品均有网络销售，如原材料、药品、日用品等。该商业模式也在迅速地从沿海地区蔓延到内陆地区。国内商品市场的变化同样是城镇群形成及空间转型的重要影响因素。伴随着产业的转型，通信和网络技术促使新的城市、工业、文化组织的产生，也推动了巨型城镇区域的扩张与发展。

中国学者早在 1990 年就指出了城镇群的重要性，但一直以来对于该现象的描述采用了不同的术语，如都市连绵区、城市密集区、城镇群、扩展都市区等。根据以往研究（周牧之，2004；张倩等，2011；闫小培等，1997；许学强、周春山，1994；孙胤社，1992），中国的城镇群主要出现于沿海地区，如长三角地区、珠三角地区、京津冀地区、辽中南地区等等。沿海城镇群均经历了快速的经济发展和城市化过程，其重要驱动力是外资和出口，而其大背景是全球化和中国自 1978 年以来的改革开放政策。这些沿海城市不仅是全球化过程的被动接受者，同时也是参与者。1991 年周一星先生提出了都市连绵区的概念，描述了 20 世纪 80 年代中国沿海的巨型城市区域，并提出了六个该类区域：长三角、珠三角、京津唐、辽中南、山东半岛和闽南地区。该类区域具有以下特征：有两个或多个人口在 100 万人以上的大城市，其中至少有一个高度开放的国际市场；有一个大的年吞吐量在 100 亿吨的国际港口，并有一个国际机场；人口在 2 500 万人以上，密度在 700 人/平方千米以上；区域的核心地区有着发达的交通网络通往主要港口或城市；内部经济紧密联系。之后出现了很多类似的概念，如城市密集区、城镇群、都市区。姚士谋（1992）认为城镇群是一个复杂的城市区域，有一个或两个大城市作为其经济核心，并与其他城市有着发达的交通和信息联系网络。宁越敏（2011）采用了城镇群的概念，认为城镇群需要至少两个 100 万人以上的大都市区，或者一个 200 万人以上的都市区。该巨型城市区域有着多个交通廊道和紧密的社会经济联系，并确定了 13 个城镇群。不同的术语均试图描述该特定区域并反映其发展的历史背景和过程。后来术语"城镇群"被广泛使用，但对其概念的解释并不统一。

国务院发布实施的若干文件体现出城镇群发展的国家战略地位。2006 年发布的"十一五"社会经济发展规划纲要明确提出，要把城镇群作为推进城镇化的主体形态。2011 年发布的"十二五"社会经济发展规划纲要提出，"以大城市为依托，以中小城市为重点，逐步形成辐射作用大的城镇群""在东部地区逐步打造更具国际竞争力的城镇群，在中西部有条件的地区培育壮大若干城镇群"，并首次提出全国应重点发展 21 个主要城市化地区，形成"两横三纵"的空间格局。2016 年发布的"十三五"社会经济发展规划纲要更进一步明确了全国重点发展 19 个城镇群，优化提升东部城镇群，建设京津冀、长三角、珠三角为世界级城镇群，提升山东半岛、海峡西岸开发竞争水平，培育中西部城镇群。城镇群研究也成为学者们关注的焦点。就驱动力而言，中国农村的工业化和全球化以及外资是重要的驱动力。同样有研究认为是宏观和微观政策影响着城镇群的形成。城镇群的形成是对全球化的响应，也有其主动参与的一面，参与国际分工与合作影响着城镇群的经济发展和区域一体化进程。

第二节　城镇群空间范围

一、城镇群空间范围界定原则

由于对城镇群的概念没有形成共识，各学者对判定方法和指标体系以及标准均有不同的看法（代合治，1998；方创琳等，2016；顾朝林、庞海峰，2008；苗长虹、王海江，2005），未见统一的原则。虽然各学者对城镇群有不同的定义，但存在共性部分。本研究聚焦各定义的共性部分：在工业化、城市化水平较高的城镇密集区，以一个以上特大城市为核心，同周围众多的中小城市通过发达的交通基础设施形成社会经济联系紧密的城市密集区的核心区。基于此，成熟的城镇群在其复杂的网络关系中存在着等级体系结构：核心城市、副中心（二级中心城市）、三级及其以下的城市，每个城市均存在于其上级城市的辐射范围内。

（1）核心城市拥有最强的综合实力，主导着城镇群与外界的经济与社会联系。城镇群内各城市均接受核心城市的辐射服务，不同的核心城市有着各自的辐射空间。

（2）副中心，即城镇群的二级中心，综合实力要弱于核心城市，分担着核心城市的服务职能，与核心城市有着紧密的社会经济联系。

（3）三级及其以下城市，等级低于副中心，综合实力较弱，拥有较小的辐射范围。

（4）城镇群的空间范围最远应在2小时左右的交通通勤范围之内，否则我们认为超出了一般通勤所能忍受的通勤时间或距离。

（5）城镇群内各级城市间存在紧密的社会经济联系，有着垂直分工与合作关系。

二、常用界定方法

城镇群虽然有着不同的理解和定义，但在空间上有一个共同之处，即城镇群是空间上紧凑分布的联系紧密的一群城市。界定其边界的常用方法可以分为两类。第一类是静态方法，即依据社会经济统计数据或遥感数据确定城镇群范围，该类方法侧重城镇群的总体规模和发展强度。即首先提出若干判定城镇群的阈值，而后根据指标数据确定城镇群范围；常用指标大致包括城镇群内的城市数量、总人口和城镇人口规模、人均 GDP 和工业化程度、经济密度、铁路和公路网密度、非农业产值和非农业劳动力比重、城市化水平、中心城市 GDP 比重、土地利用开发强度、遥感灯光指数以及由各指标综合延伸的指数等。第二类是"流"方法，该类方法强调城际联系，常用指标包括周围地区到中心城市的通勤率，中心城市到外围圈的通勤时间，城际贸易，客货流、人流、信息流等流量，以及其他由复杂模型计算得到的城际联系强度，如重力模型、摩擦系数模型等。

第一类方法将城镇群作为一个黑盒，强调总量和强度，直接使用行政区经济社会统计数据或遥感数据，方法简单，数据获取相对容易，区划成果明确，可视化程度好；缺点则是空间信息利用不足，未能准确反映城镇群内部的空间联系，方法与定义出现脱节。第二类方法强调空间联系，但通常会限于数据难以获取问题，如城际贸易联系数据，通常采用调查数据开展研究表征城镇群特征，成果难以得到普遍认可。另外，由于数据可用性的限制，往往局限于研究各城市与核心城市的联系，对不同城市之间的联系强度综合分析研究较为薄弱，因此，多城镇群多层级体系结构难以综合全面地描述。

我们认为，城镇群内的城际社会经济联系是研究的核心要素，是确定城镇群边界和空间结构的重要指标，而城际联系强度表现为各种"流"的关系，形成复杂的网络关系。目前针对城际联系网络的分析方法研究还很薄弱，因此，基于城镇群内城际联系网络构建开展城镇群综合分析研究亟待深化。

第三节　京津冀城镇群空间范围与空间结构

一、基于社会经济联系的城镇群范围

城镇群空间范围研究涉及两大部分内容。一是城镇群空间结构。该结构描述了从核心城市、副中心城市到其他城市的层级关系，同时描述了每个城市的辐射空间。该结构是一个多层级结构。该结构的确定需对城际联系强度逐一评价，基于城际联系强度网络，采用网络分析算法分析城市相互作用关系，每个城市在城镇群的作用和地位。

城际联系强度是对城市社会经济联系的综合测度。城际联系强度评价通常会面临数据问题。最直接的数据"流"数据，城际人流、贸易流、资金流、信息流等。该类数据可以直接反映城际联系，但获取通常存在难度，尤其要获取两两城市的相关数据，也为城镇群研究带来难度。以往城镇群研究不同程度地受制于此。通常可采用数学手段予以处理，例如基于某类数据（如物流数据）予以反演，或采用重力模型，基于城市规模和距离评价城际联系强度等。

二是城镇群边界，即对城镇群边界予以界定，在空间上确定一个区域单元。城镇群边界的界定既要考虑城市之间的相互作用强度，也应考虑空间上的连续性。城镇群边界的界定通常采用与核心城市的联系强度，通过对联系强度进行分类，界定核心层、紧密联系层、次紧密联系层、外围层等。但城际联系强度受城市的规模、产业等多方面影响，而不仅仅是空间临近（交通路网距离）。因此，与核心城市联系强度由紧密、次紧密到外围城市并不是规则的圈层式分布。为此划定城镇群边界，通常会包含与核心城市联系不紧密的城市，它们确保了空间上的连续性。此外，确定不同的层级涉及阈值问题。

二、基于城市相互作用强度的城镇群研究算法

依据前文描述和中心地理论，城镇群等级结构呈多叉树结构，如图 2–1 所示。即在城镇群内城镇间相互作用形成的复杂网络中，存在着多叉树等级体系结构，我们称之为城镇群多层次空间结构多叉树（MSS-Tree）。本研究目标是构建计算机算法，从复杂的城镇群相互作用网络中提炼出其中的 MSS-Tree（由粗线标示）。

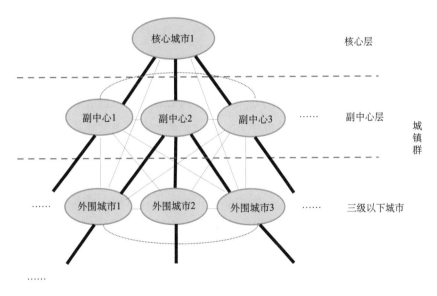

图 2–1 城镇群体系结构树状图

MSS-Tree 是算法的输出结果，算法的思想是，根据城市综合实力确定核心城市，确定核心城市 2 小时通勤圈，作为研究对象（地域单元）；基于城市的中心性、城市间相互作用网络，构建 MSS-Tree，确定城镇群空间结构。对应地，城镇群模型运行分为两阶段，

如图 2–2 所示。

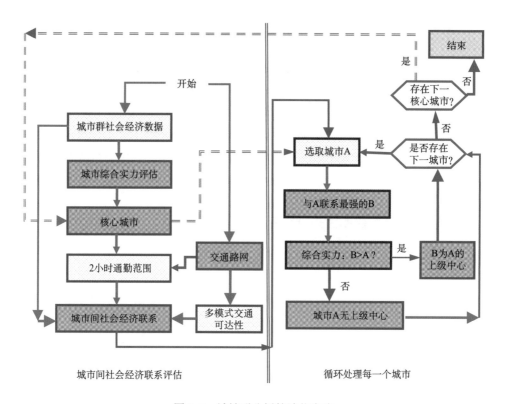

图 2–2　城镇群分析算法信息流

第一，在评价各城市综合实力的基础上确定核心城市，以核心城市为中心初步确定核心城市辐射的空间范围，确定地域单元；进而在评价多模式交通可达性的基础上评估每两个城市间的相互作用强度。本阶段构建出城市间相互作用网络。

第二，是算法的核心部分，包含循环处理过程。循环处理每一个城市，确定各城市的上级中心，直到处理完所有城市，输出 MS-Tree。具体流程：选取中心性最小的城市 A，计算出与 A 相互作用强度最大且中心性高于 A 的城市 B，设定 B 为 A 的上级城市中心，若 A 的综合实力最高，无上级城市；重复该过程直至处理完所有城市，然后处理下一核心城市。

处理过程是两个循环过程，右侧部分为内循环，处理单个核心城市；外循环如虚线所示，处理各个核心城市。将各个核心城市的辐射范围合并，得以确定城镇群空间结构，并以多叉树结构存储于数据库中。

三、京津冀案例研究

1. 研究区域与数据来源

本章以京津冀地区为研究对象。京津冀城镇群位于太平洋西岸东北亚和亚太经济圈的核心地带，地域范围包括北京、天津 2 个直辖市以及河北省的石家庄、唐山、保定、秦皇岛、廊坊、沧州、承德及张家口 8 个地级市，共计 10 个城市，县（市）级行政单元有 134 个。2010 年区域总面积约 18.50×10^4 平方千米，占全国土地总面积的 1.93%，人口约 8 378.5 万，占全国总人口的 6.25%，是我国三大城镇群之一，也是全国的政治、文化中心。研究尺度至县（区）级城市，而对于各个地级市（含北京和天津）的城区部分，将建成区所在的区进行合并。研究采用 2010 年数据，主要分两部分：经济社会数据来源为《县（市）社会经济统计年鉴 2011》《中国区域经济统计年鉴 2011》《2010 年第六次全国人口普查主要数据》以及北京各区县、河北各地市、天津各区县的统计年鉴，并利用各政府网站、国民经济和社会发展年度公报、政府工作报告对数据进行插补，以确保数据的完整性；空间数据中的路网包括 2010 年京津冀铁路、高速公路、国道、省道、县道及县级以下的各级道路以及市县的行政区划数据。

根据前文讨论，基于上述基础数据需要进一步计算城市综合实力、通勤圈、城市间相互作用强度。

2. 核心城市及其通勤圈

城市综合实力表征了城市的中心性，是确定核心城市、划分城市等级结构的依据，是识别城镇群空间体系结构的重要参数。城市综合实力评价涉及指标的选取、指标权重确定、评价模型的构建。本研究关注城镇群社会经济联系，指标的选取侧重于城市社会、经济实力评价。我们选取了 GDP、常住人口、第三产业占 GDP 比重、一般预算收入、固定资产投资、社会消费品零售总额、实际直接利用外资共七项指标用于评价京津冀城市综合实力。采用综合熵指数法（GE）确定指标的权重。权重评估结果如表 2–2 所示，权重最大的指标是"实际直接利用投资"，而非最为常用的"GDP"。

表 2–2　城市综合实力评价指标及其权重

	指标	权重
1	GDP（万元）	0.15
2	常住人口（万人）	0.05
3	第三产业占 GDP 比重（%）	0.01

续表

	指标	权重
4	一般预算收入（万元）	0.22
5	固定资产投资（万元）	0.10
6	社会消费品零售总额（万元）	0.18
7	实际直接利用外资（万元）	0.30

利用所选指标进行加权得到各个城市的综合实力，如表 2–3 所示。由于数据量较大，这里只给出了核心城市通勤圈内的评价结果（共 110 个城市）。秦皇岛城区并不处于天津的 2 小时通勤圈内，但由于其是环渤海的一个重要的旅游城市，对于地区的发展起到重要作用，因此，我们也将其纳入城镇群范围内。根据表 2–3，北京无疑是综合实力最强的核心城市，其次是天津市滨海新区和天津市城区，三者综合实力明显高于其他城市。天津市滨海新区于近年予以组建，其统计范围包括了三个区（汉沽区、塘沽区和大港区），范围较大，致使其综合实力评价值较高，而天津市城区只包括建成区所在的区县。由于近年来天津滨海新区在政策的支持下得到了长足的发展，并且与天津城区各自有着很大的独立性，加之天津滨海新区辖区内的塘沽区、汉沽区、大港区没有各自的统计数据，因此，本研究将二者作为相互独立的空间单元，其综合实力与其他城市之间形成较大的断裂。而综合实力评价值最低的两个城市鹰手营子矿区、下花园区是资源枯竭型城市，正处于矿产资源枯竭、城市转型时期。

表 2–3 京津冀城市综合实力评价结果（核心城市通勤圈部分）

城市名称	综合实力	城市名称	综合实力	城市名称	综合实力
北京市城区	91.41	承德市城区	1.70	卢龙县	0.84
天津市滨海新区	57.82	河间市	1.69	定兴县	0.82
天津市城区	20.52	滦县	1.68	大城县	0.82
顺义区	7.35	玉田县	1.66	兴隆县	0.81
西青区	6.44	滦南县	1.66	隆化县	0.81
东丽区	6.01	平谷区	1.64	南皮县	0.80
北辰区	5.91	黄骅市	1.49	曲阳县	0.79
武清区	5.33	衡水市城区	1.46	涿鹿县	0.78
津南区	4.95	沧县	1.45	涞水县	0.76
昌平区	4.81	香河县	1.32	蠡县	0.74
秦皇岛市城区	4.75	抚宁县	1.28	怀安县	0.74
大兴区	4.61	门头沟区	1.26	阳原县	0.73

城市名称	综合实力	城市名称	综合实力	城市名称	综合实力
通州区	4.51	泊头市	1.25	唐县	0.72
房山区	4.02	延庆县	1.20	吴桥县	0.71
迁安市	3.58	承德县	1.18	安新县	0.71
三河市	3.19	昌黎县	1.16	永清县	0.70
丰南区	3.13	古冶区	1.15	满城县	0.70
保定市城区	3.12	徐水县	1.15	雄县	0.69
宝坻区	3.11	献县	1.14	高阳县	0.69
唐山市城区	2.91	怀来县	1.13	枣强县	0.67
蓟县	2.78	文安县	1.08	涞源县	0.66
静海县	2.65	青县	1.06	万全县	0.65
宁河县	2.43	肃宁县	1.05	宣化县	0.64
遵化市	2.34	唐海县	1.02	大厂回族自治县	0.64
廊坊市城区	2.32	景县	1.00	孟村回族自治县	0.62
丰润区	2.31	张北县	0.97	顺平县	0.60
任丘市	2.30	东光县	0.96	武邑县	0.59
张家口市城区	2.26	深州市	0.92	赤城县	0.57
沧州市城区	1.99	清苑县	0.91	饶阳县	0.53
密云县	1.94	高碑店市	0.90	博野县	0.52
辛集市	1.94	安国市	0.89	容城县	0.52
迁西县	1.93	盐山县	0.88	望都县	0.51
怀柔区	1.93	丰宁满族自治县	0.87	海兴县	0.49
涿州市	1.80	固安县	0.86	武强县	0.43
霸州市	1.79	易县	0.85	下花园区	0.39
定州市	1.78	滦平县	0.85	鹰手营子矿区	0.29
乐亭县	1.73	蔚县	0.84		

　　根据中国都市圈空间规划经验，单位核心城市通勤范围最远不超过 2 小时通勤距离，据此，我们设定从核心城市出发，沿不同交通路线的 2 小时通勤距离所经过的区县作为核心城市北京市城区、天津市滨海新区的通勤范围。根据《中华人民共和国公路工程技术标准（JTGB01—2003）》和中国不同等级铁路里程及速度，参考目前实际运行情况，我们设定铁路、高速公路的速度为 100 千米/小时，国道 80 千米/小时，省道 60 千米/小时，二级以下公路 50 千米/小时，乡道 40 千米/小时，次要道路 30 千米/小时，无统计级别道路 20 千米/小时。依据该速度设定，可划定核心城市的通勤圈。由图可知，距离核

心城市北京市城区、天津市城区较近的城市的综合实力总体高于远距离的，但不乏远处城市的综合实力高于近处的城市，这类城市多为地级市的城区，如张家口市城区、秦皇岛市城区、承德市城区等。同时，该空间格局也反映了中心地理论中关于不同等级的城市空间上相间有序分布的描述。

3. 基于 GIS 的交通可达性评价——最小时间成本

交通可达性是城市间相互作用强度评价的重要参数。本节将城市间交通可达性定义为两点间最小交通时间成本（最短路径）。可达性越高，则时间成本越低。城镇群内的铁路、高速公路、国道、省道、县道、乡道等不同等级的交通路线相互叠加形成复杂的交通路网，任意两城市间均存在多条路径。本节利用 GIS 将各级道路图层进行叠加并进行平面强化，形成网络。网络中相邻节点间的路段也称作弧段。交通路网内任意弧段的时间成本由该路段的长度和速度决定，速度由该路段的道路等级决定。基于路网，采用Dijkstra 最短路径算法计算城市间最短路径（可达性），得到核心城市通勤圈内 110 个城市间的可达性评价值为 110×110 阶矩阵，即两两城市间的交通可达性。

在京津冀范围内，将各个城市与其他各个城市的可达性相加，用于表征该城市在京津冀地区的交通优势，称作区内可达性，如表 2–4 所示（标准化之后）。可达性的评价值是最小时间，所以，值越小，可达性越高。由表 2–4 可知，在不考虑社会经济空间分布，只考虑物理交通距离（时间）的情况下（几何层面），北京市城区和天津市城区的可达性并非最高，而饶阳县趋于几何中心位置，区内可达性评价值更高。

表 2–4　城市交通可达性

城市名称	区内可达性	城市名称	区内可达性	城市名称	区内可达性
饶阳县	0.45	天津市城区	0.51	古冶区	0.62
清苑县	0.46	北辰区	0.52	涞源县	0.62
望都县	0.46	黄骅市	0.52	怀来县	0.63
容城县	0.46	河间市	0.52	怀柔区	0.63
任丘市	0.46	景县	0.52	遵化市	0.64
肃宁县	0.46	唐县	0.52	门头沟区	0.64
保定市城区	0.46	大兴区	0.52	延庆县	0.65
深州市	0.47	枣强县	0.52	滦县	0.65
高阳县	0.47	廊坊市城区	0.53	唐海县	0.66
大城县	0.47	北京市城区	0.53	乐亭县	0.67
青县	0.47	吴桥县	0.53	滦南县	0.67
霸州市	0.47	东光县	0.53	下花园区	0.68

续表

城市名称	区内可达性	城市名称	区内可达性	城市名称	区内可达性
武强县	0.48	通州区	0.54	密云县	0.69
沧州市城区	0.48	辛集市	0.54	蔚县	0.69
雄县	0.48	泊头市	0.54	迁安市	0.70
徐水县	0.48	宁河县	0.54	迁西县	0.70
定兴县	0.48	南皮县	0.54	兴隆县	0.71
献县	0.49	孟村回族自治县	0.55	张家口市城区	0.71
文安县	0.49	三河市	0.55	阳原县	0.71
安新县	0.49	永清县	0.55	抚宁县	0.72
满城县	0.49	天津市滨海新区	0.56	涞水县	0.72
衡水市城区	0.49	海兴县	0.56	宣化县	0.72
蠡县	0.49	宝坻区	0.56	鹰手营子矿区	0.72
安国市	0.49	香河县	0.56	涿鹿县	0.75
沧县	0.49	东丽区	0.56	昌黎县	0.75
武邑县	0.49	顺义区	0.56	卢龙县	0.75
博野县	0.49	大厂回族自治县	0.57	承德市城区	0.75
涿州市	0.49	昌平区	0.57	秦皇岛市城区	0.76
定州市	0.49	房山区	0.58	滦平县	0.76
西青区	0.49	蓟县	0.58	万全县	0.79
顺平县	0.50	丰南区	0.59	张北县	0.80
静海县	0.50	玉田县	0.59	怀安县	0.81
武清区	0.50	盐山县	0.60	承德县	0.82
高碑店市	0.50	唐山市城区	0.60	赤城县	0.83
曲阳县	0.51	平谷区	0.60	丰宁满族自治县	0.88
津南区	0.51	丰润区	0.61	隆化县	1.00
固安县	0.51	易县	0.61		

4. 城市间相互作用强度

城市间相互作用强度是确定城镇群空间结构的关键指标，也是最终确定城镇群空间结构的依据。传统的城市间联系评价往往注重城市间流态（如人流、物流、技术流、信息流和金融流等）的分析，但实际工作中要获取两两县级城市间流的资料相当困难，甚至是不可能的。鉴于此，本节利用数学方法予以处理。

城市间相互作用强度评价基于以下假设：城市规模（人口、经济等）越大，城市间相互作用强度越大；城市间距离越近（可达性），城市间相互作用强度越大。据此，综合考虑县级指标的科学性和数据的可获取性，选取人口总量、GDP 及城市间交通可达性三个指标，对传统重力模型进行变换，如式 2-1 所示，其中 V_{ij} 是城市间社会经济联系评价值，P、G 分别是城市的人口总量和 GDP，A_{ij} 是两城市间的交通可达性评价值。

$$V_{ij} = \frac{\sqrt{P_i G_i} \cdot \sqrt{P_j G_j}}{A_{ij}^2}$$
式 2-1

核心城市通勤圈共有 110 个城市，两两间的相互作用强度评价值将为 110×110 阶矩阵。我们将每一个城市与其他各个城市的相互作用强度进行累加，以反映该城市与本地区总的作用强度。由图 2-3 可见，北京市城区在该地区所有城市的作用强度最强，其次是天津市城区与天津市滨海新区。虽然天津市滨海新区的综合实力高于天津市中心城区，但后者更靠近中心的位置，使得该城市与其他所有城市的可达性更高，所以，其在该地区的相互作用强度高于天津市滨海新区。

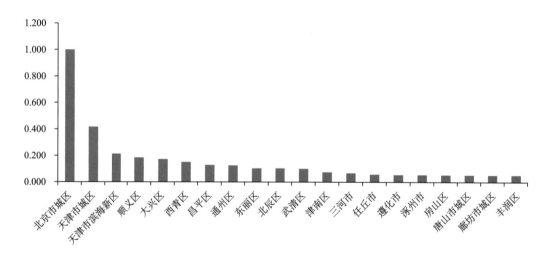

图 2-3　城市相互作用强度（前 20）

5. 城镇群多层次空间结构

根据前文讨论，城市间相互作用关系表现为多叉树结构（详细算法见本节第二部分）。依城市的综合实力和相互作用强度构建京津冀城镇群空间结构多叉树 MSS-Tree，如图 2-4 所示。图 2-4 是两棵多叉树结构，表征了城镇群相互作用关系，也反映了城镇群等级体系结构。图中箭头表明城市间相互吸引方向，指向中心性更强的城市。例如箭

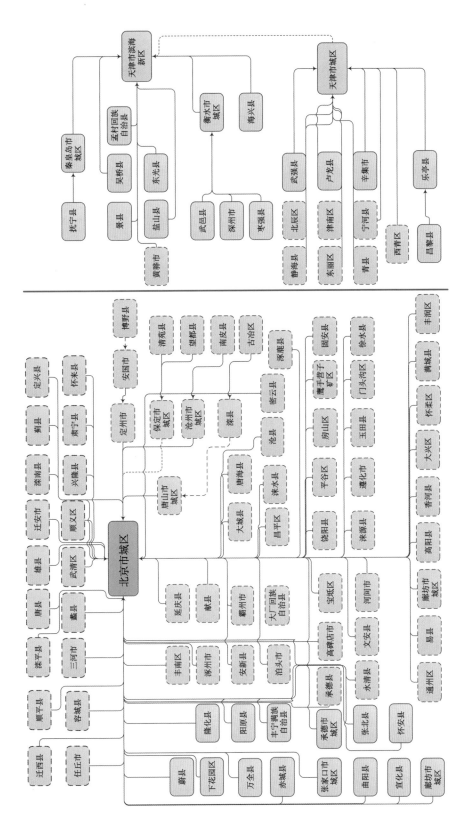

图 2-4　城镇群多层次空间结构（蓝色节点为北京市城区与天津市城区两者通勤圈重叠部分）

头从定州指向北京，表明北京城区的中心性高于定州，定州被北京所吸引。每条线的箭头指向的上级城市，称作父节点，另一端城市称作子节点。树的根节点分别是北京市城区、天津市滨海新区。途中绿色的节点是具备较高的综合实力、吸引了较多城市的中心城市，黄色节点分别为北京市城区和天津市滨海新区的各自通勤圈内的城市，而蓝色节点是两个核心城市通勤圈的重叠部分。

图 2-4 所示的京津冀城镇群 MSS-Tree 详细描述了各个城市的上级中心城市、吸引范围。北京市城区的综合实力明显高于天津市滨海新区，因此，如果我们只保留一个核心的话，无疑是北京市城区，如果在图 2-4 中再增加一条线，将是由天津市滨海新区指向北京。但图中我们未将北京视为其上级中心，这是因为北京是中国的政治中心，而天津是港口城市，二者发展的驱动力存在巨大的差别，双核的城镇群是可选择的战略。核心城市天津市滨海新区的实力较高，统计面积较大是一个重要原因。天津市滨海新区包括塘沽区、汉沽区、大港区，但近年来将其合并统计，无各区独立的统计资料，这也是本研究将天津市滨海新区作为一个独立单元的原因。鉴于以上原因，我们认为天津市城区应作为另一核心城市。

关于副中心城市，基于上述分析，北京市城区周边的城市多以与之直接作用为主（箭头指向北京），可以得出北京周边还没有较为成熟的副中心用于分担北京的服务功能。其中安国市、保定市城区、沧州市城区、唐山市城区、秦皇岛市城区有各自的下一级城市，但由于自身的综合实力较弱，吸引的城市较少，还不构成一个成熟的副中心。衡水市城区由于远离北京，同时由于自身作为地级市的综合实力，吸引着三个城市（武邑县、深州市、枣强县），趋于形成一个远离北京和天津的副中心。由此可以得出，由于核心城市强大的吸引力，在靠近核心城市的中心地带反而难以形成副中心。另外，少数城市与其上级中心城市的相互作用强度要低于其与子节点的相互作用强度，说明该城市目前的状态以对内服务为主，这些城市是培育各级中心时应予以关注的对象，如图 2-4 中虚线所示的城市：天津市城区、保定市城区、滦县。

其他未形成自身吸引范围的城市我们视为外围城市（图 2-4 中叶子节点）。这些城市由于较弱的综合实力，还不具备成为副中心的趋势。图 2-4 中蓝色框所示的节点是北京市城区与天津市城区两者通勤范围的重叠区域，由图可见，该重叠区域大部分城市被北京所吸引，这与北京强大的综合实力相符。无论实施单中心还是多中心战略，图 2-4 所示的城镇群多层次空间结构均可给予决策者以重要决策。

6. 城镇群边界

北京辐射区的最北面是丰宁满族自治县，该县面积较大，相对城镇群边缘区的城市来说，其综合实力较强，由于离得较远，将其排除在外，并以丰宁与北京相互作用强度评价值为临界值，同时兼顾城镇群空间上的连续性，得出丰宁满族自治县、张北县、赤城县、隆化县和饶阳县不在城镇群范围内。其中，鹰手营子矿区的评价值最小，但由于其位于承德市城区与北京市城区的中间位置，为了空间上的连续性，我们将其归入城镇群；下花园区、宣化县、怀安县、万全县虽然评价值低于临界值，但由于其紧临张家口市城区，将其划入城镇群，这也与承德市城区有了同等的处理；类似的，为了确定城镇群空间上的联续性，我们将评价值较小的涞水县、涞源县、唐县划入城镇群。

对于天津市滨海新区的辐射区，衡水市城区拥有相对较高的中心性，但其距离核心城市天津市滨海新区较远，并且被北京辐射区所隔离，将其排除在城镇群之外，其辐射区武邑县、深州市、枣强县自然不在城镇群之内，并将衡水市城区与天津市滨海新区的相互作用评价值作为临界值。这样，衡水市城区、武邑县、深州市、枣强县、景县、辛集市、东光县、吴桥县、武强县不在城镇群内；考虑到城镇群空间的连续性，卢光县与海兴县被列入城镇群。秦皇岛市城区虽然较远，但由于其地处沿海位置，是京津冀重要的旅游城市，所以一并将其列入城镇群。

经过上述处理得出的京津冀城镇群空间范围如图 2-5 中黑黄线所示。城镇群内承德市、张家口市对北京有着重要的生态功能，起着"后花园"的作用。图中玫红色区域是北京市城区的辐射范围，而蓝紫色区域是天津市滨海新区的辐射范围。其中浅绿色边线所选部分是两个核心城市北京市城区和天津市城区通勤范围的重叠区域，大部分被北京市城区所吸引（多为玫红色），只有黄骅市、北辰区、东丽区、津南区、静海县、宁河县、青县、西青区、天津市城区属于天津市滨海新区的吸引范围。而城镇群内综合实力较弱的城市多集中在中南部，如永清县、安新县、雄县等地区形成集中连片态势。究其原因应有多种，但其历史上常年不通高速的交通状况应是重要原因。其中最小的永清县地处北京与天津之间，接近城镇群的中心位置，距离核心城市较近，综合实力却较弱，其所处空间位置与其经济发展水平并不匹配的情况，进行京津冀城镇群统筹规划时应予以关注。

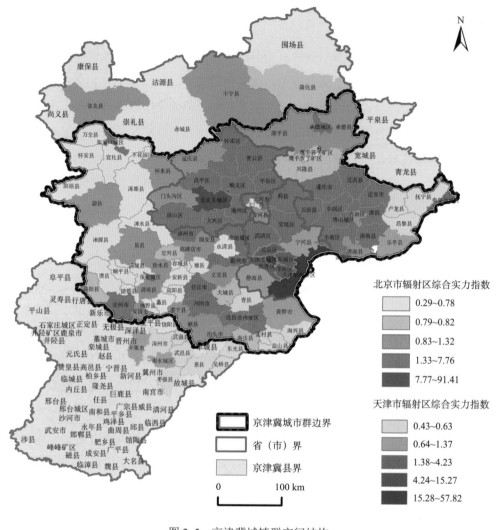

图 2-5 京津冀城镇群空间结构

第四节 结论与展望

一、结论

本章探讨了城镇群的相关概念、城镇群的形成、空间结构和范围。城镇群是在产业集聚、人口集中、交通辐射、中心城市带动和区域政策激励等综合因素驱动下形成的全新经济地域单元，是工业化和城镇化发展到高级阶段的一种区域空间组织形态，也是都市区发展到较高级别的产物。城镇群的形成和发展体现出随着工业化和城镇化进程的不断加快，城市空间不断扩张，影响范围不断扩大，城市与城市之间及城市与区域之间联系不断加强，城市区域化和区域城市化两种过程相互作用的趋势不断凸显。城镇群通常涵盖数十城市，不同等级的城市间社会经济联系构成复杂网络，这给城镇群研究分析工作带来了巨大挑战，也使研究人员面临数据短缺问题。目前出现了基于遥感灯光、路网密度、城镇化率、土地利用等多种城镇群研究方法，而基于城际联系强度的研究还很薄弱。本章在讨论了城镇群概念、分析城镇群空间结构特征的基础上，构建了城镇群空间结构分析算法，算法基于城镇群复杂的城际网络关系分析多层次空间结构。算法的输入是城镇群的社会经济数据和多模型交通路网，输出是城镇群空间结构分析结果，逻辑上为多叉树结构。本章还以京津冀地区为例，采用 2010 年数据进行了实证分析，结果表明，京津冀城镇群形成了北京市城区和天津市城区两大核心，而北京市城区是城镇群内的首位城市，其周边缺乏成熟的副中心，还没有形成"核心城市—副中心—外围城市"的空间结构，有待进一步培育。而天津地区已经初步形成天津市滨海新区—天津市城区双核结构。尽管学者们对城镇群持有不同的观点，但本章算法输出的城镇群等级体系结构为各种分析提供了基本依据。

就案例研究而言存在多方面亟须深化。一是城镇群边界界定涉及两个方面有待进一步深化：首先，阈值的界定，各城市与核心城市间相互作用强度阈值，即低于该阈值的城市不在城镇群内；其次，级联层次的确定，即确定树结构多少层以外的城市不属于城镇群。二是由于数据的可获取性，本研究在案例应用中采用了人口总量、GDP、交通可达性，利用重力模型评价了城市间联系强度。不同的学者对指标的选择可能会有不同的观点，而对于本章提出的算法来说，指标只是输入参数值的改变，不影响模型的正常运行。

二、进一步工作

就城际联系强度评价而言，本章所采用的指标只在宏观上反映了城际联系强度，而实际城际联系种类多样，涉及产业垂直分工与合作、产业的空间布局等诸多方面。除此以外，城镇群还需要保证生态完整性，保护环境，以承载城镇群的正常运转。因此，对于为城镇群提供生态服务、维系生态完整性的区域理应纳入城镇群范围，这一问题有待进一步探讨；同样的问题还涉及行政、文化等领域。为此，未来将根据图 2–6 中的模型框架进一步展开探索。

图 2-6　城镇群研究框架

图 2-6 所示框架可综合为如下研究内容：城镇群产业空间的主要特征、城镇群经济秩序、城镇群社会秩序、基础设施以及城乡联系和生态环境。

（1）经济活动的分散与集聚

城镇群形成过程中生产活动、产品及资金的变化引起空间组织形式发生变化。资金和经济活动的分散化会对所有权、控制权均产生影响，导致城镇群投资模式的变化和金融业的变化，包括产业秩序和地理分布，如此形成新的集聚形态。

（2）城镇群经济秩序

各类产业在区域经济一体化过程中必然发生变化，尤其是生产性服务业的发展及布局变化，产业的增长与专业化发展，空间组织模式的变化，集聚形式的变化。由此对核心城市产生了影响，并影响各个城镇群间的分工合作或是竞争关系，由此派生出城镇群体系结构的演变。

（3）城镇群社会秩序

历史上大城市地区是财富和贫困的聚集区，有长期居于当地的居民、流动人口、移民、临时打工人员。城镇群的发展和产业经济的转型对之有何种影响？是否减少了贫困、失业、临时劳工、低收入人群或是改善了工作条件？城镇群收入和职业的分布、穷苦情况的变化、主导产业对其他非主导产业的影响，包括城镇群内部以及城镇群之间；不同性别在不同行业的就业情况；不同性别在不同行业或职业的收入差别，以及同一行业或职业在不同城市的不平等的变化趋势。

（4）基础设施

基础设施一体化建设同样是城镇群不可或缺的一部分。交通基础设施是区域经济一体化、城镇群建设的先导。而通信基础设施的一体化建设与管控也将进一步推进城镇群一体化发展。ICT 使得长距离的管理服务、金融传输成为可能，区域城市的复杂组织也使得公司最大化受益于新技术，而这些要求复杂的物理设施。

（5）城乡联系和生态环境

城镇群不仅存在城际联系，并且存在城乡间的联系，这种联系不仅体现在经济方面，而且反映在社会文化、生态环境等方面。乡村为城市发展提供劳动力和必要的农产品，同时也为城市居民提供旅游、休闲、娱乐场所，是城镇群发展不可或缺的部分。城镇群经济发展过程中，为减轻甚至避免环境污染，保证水源、绿地、空气质量，需合理布局生态保育区与经济发展区。因此，为城市提供生态服务功能的城市或乡村同样是城镇群不可分割的组成部分。生态板块与廊道的合理布局及由其引发的生态补偿问题是无以回避的研究内容。

参 考 文 献

Christaller, W. *The Central Places in Southern Germany*. Translated (in part) by Charlisle, W., Englewood Cliffs: Prentice Hall, 1966.

Dickinson, R. *The City Region in Western Europe*. London: Routledge & K. Paul, 1967.

Derudder, B., Witlox, F. An Appraisal of the Use of Airline Data in Assessing the World City Network: A Research Note on Data. *Urban Studies*, 2005, 42(13): 2371-2388.

Friedmann, J. 1986. The World Cities Hypothesis. *Development and Change*, 1986, 17: 69-83.

Geddes, P. (Eds.). *Cities in Evolution*. London: Williams and Norgate, 1915.

Gottmann, J. Megalopolis or the Urbanization of the Northeastern Seaboard. *Economic Geography*, 1957, 33(3): 189-200.

Gottmann, J. *Megalopolis: The Urbanized Northeastern Seaboard of the United States*. New York: KIP, 1961.

Hoyler, M., Watson, A. Global Media Cities in Transnational Media Networks. *Journal of Economic and Social Geography*, 2013, 104(1): 90-108.

Hu, Y., Wang, Y., Di, Z. The Scaling Laws of Spatial Structure in Social Networks. 2012-10-25. http://arxiv.org/abs/0802.0047.

Levy, M. Scale-free Human Migration and the Geography of Social Networks. *Physical A: Statistical Mechanics and Its Applications*, 2010, 389(21): 4913-4917.

McGee, T. G. Urbanisasi or Kotadesasi? Evolving Patterns of Urbanization in Asia. In F. J. Costa, A. K. Dutt,

L. J. C. Ma, et al. (Eds.), *Urbanization in Asia: Spatial Dimensions and Policy Issues*. Honolulu: University of Hawaii Press, 1989: 93-108.

McGee, T. G. The Emergence of Desakota Regions in Asia: Expanding a Hypothesis. In N. Ginsberg, B. Koppel, T. G. McGee (Eds.), *The Extended Metropolis: Settlement Transition in Asia*. Honolulu: University of Hawaii Press, 1991: 3-25.

O'Connor, K., Fuellhart, K. Cities and Air Services: The Influence of the Airline Industry. *Journal of Transport Geography*, 2012, 22: 46-52.

Scott, A. J. (Ed.). *Global City-regions: Trends, Theory, Policy*. New York: Oxford University Press, 2002: 326-327.

Sit, V. F. S. Mega-city, Extended Metropolitan Region, Desakota, and Exourbanization: An Introduction. *Asian Geographer*, 1996, 15: 1-2.

Sit, V. F. S. Increasing Globalization and the Growth of the Hong Kong Extended Metropolitan Region. In F. C. Lo, P. J. Marcotullio (Eds.), *Globalisation and Sustainability of Cities in the Asia Pacific Region*. Tokyo: UNC Press, 2001: 199-238.

Sit, V. F. S. China's Extended Metropolitan Regions: Formation and Delimitation. *International Development Planning Review*, 2005, 27(3): 297-332.

Taylor, P. J. New Political Geographies: Global Civil Society and Global Governance Through World City Networks. *Political Geography*, 2005, 24(6): 703-730.

Taylor, P. J., Derudder, B., Hoyler, M., et al. New Regional Geographies of the World as Practiced by Leading Advanced Producer Service Firms in 2010. *Transactions of the Institute of British Geographers*, 2013, 38(3): 497-511.

Wall, R. S., Knaap, G. A. Sectoral Differentiation and Network Structure Within Contemporary Worldwide Corporate Network. *Economic Geography*, 2011, 87(3): 267-308.

Zhou, Y. Definitions of Urban Places and Statistical Standards of Urban Population in China: Problems and Solutions. *Asian Geographer*, 1988(7): 12-28.

代合治：“中国城市群的界定及其分布研究”，《地域研究与开发》，1998 年第 2 期。

董青、刘海珍、刘加珍等：“基于空间相互作用的中国城市群体系空间结构研究”，《经济地理》，2010 年第 6 期。

方创琳：“城市群空间范围识别标准的研究进展与基本判断”，《城市规划学刊》，2009 年第 4 期。

方创琳、鲍超、马海涛：《2016 中国城市群发展报告》，科学出版社，2016 年。

方创琳、宋吉涛、张蔷等：“中国城市群结构体系的组成与空间分异格局”，《地理学报》，2005 年第 5 期。

高鑫、修春亮、魏冶：“城市地理学的‘流空间’视角及其中国化研究”，《人文地理》，2012 年第 4 期。

顾朝林：“中国城市经济区划分的初步研究”，《地理学报》，1991 年第 2 期。

顾朝林：“城市实力综合评价方法初探”，《地域研究与开发》，1992 年第 1 期。

顾朝林：“城市群研究进展与展望”，《地理研究》，2011 年第 5 期。

顾朝林、庞海峰：“基于重力模型的中国城市体系空间联系与层域划分”，《地理研究》，2008 年第 1 期。

顾朝林、石楠、张伟等：“中国高新技术区综合发展评价”，《城市规划》，1998 年第 4 期。

胡序威："对城市化研究中某些城市与区域概念的探讨"，《城市规划》，2003 年第 4 期。

胡序威："区域城镇体系的协调发展问题"，《城市规划》，2005 年第 12 期。

霍华德著，金经元译：《明日的田园城市》，商务印书馆，2000 年。

刘慧、樊杰、李杨："'美国 2050'空间战略规划及启示"，《地理研究》，2013 年第 1 期。

刘慧、樊杰、王传胜："欧盟空间规划研究进展及启示"，《地理研究》，2008 年第 6 期。

路旭、马学广、李贵才："基于国际高级生产者服务业布局的珠三角城市网络空间格局研究"，《经济地理》，2012 年第 4 期。

苗长虹、王海江："中国城市群发展态势分析"，《城市发展研究》，2005 年第 4 期。

宁越敏："中国都市区和大城市群的界定——兼论大城市群在区域经济发展中的作用"，《地理科学》，2011 年第 3 期。

宁越敏、施倩、查志强："长江三角洲都市连绵区形成机制与跨区域规划研究"，《城市规划》，1998 年第 1 期。

牛方曲、刘卫东、宋涛等："城市群多层次空间结构分析算法及其应用"，《地理研究》，2015 年第 8 期。

孙胤社："大都市区的形成机制及其界定——以北京为例"，《地理学报》，1992 年第 6 期。

汪明锋、宁越敏："城市的网络优势——中国互联网骨干网络结构与节点可达性分析"，《地理研究》，2006 年第 2 期。

王珏、陈雯、袁丰："基于社会网络分析的长三角地区人口迁移及演化"，《地理研究》，2014 年第 2 期。

许学强、周春山："论珠江三角洲大都会区的形成"，《城市问题》，1994 年第 3 期。

薛俊菲："基于航空网络的中国城市体系等级结构与分布格局"，《地理研究》，2008 年第 1 期。

闫小培、郭建国、胡宇冰："穗港澳都市连绵区的形成机制研究"，《地理研究》，1997 年第 2 期。

姚士谋："城市群特征、类型及空间结构"，《城市问题》，1992 年第 1 期。

姚士谋：《中国城市群》，中国科技大学出版社，2001 年。

张倩、胡云峰、刘纪远："基于交通、人口和经济的中国城市群识别"，《地理学报》，2011 年第 6 期。

张伟："都市圈的概念、特征及其规划探讨"，《城市规划》，2003 年第 6 期。

赵渺希、吴康、刘行健："城市网络的一种算法及其实证比较"，《地理学报》，2014 年第 2 期。

周牧之：《托起中国的大城市群》，世界知识出版社，2004 年。

周一星、张莉："改革开放条件下的中国城市经济区"，《地理学报》，2003 年第 2 期。

第三章　城镇群地区国土开发密度的三维综合评估方法与系统开发

近十多年来，我国国土开发矛盾日益突出，特别是以珠三角为代表的城镇群地区，部分城市开发密度已大大超出 30%的国际警戒线。粗放的开发模式，造成建设用地无序蔓延，生态系统退化加剧，给城镇群国土生态安全带来巨大威胁，因此，迫切需要建立一套开发密度评估的方法体系，以便有效指导国土规划管理。然而，传统国土开发密度是一维概念，仅反映开发建设的规模强度，无法反映国土开发在平面布局、立体开发程度等方面的巨大差异。因此，本章从规模、平面布局模式、开发程度三个维度重塑国土开发密度内涵，基于遥感、GIS 等地理信息技术，提出一种城镇群国土开发密度的三维综合评估方法，开发了一套评估系统并在珠三角城镇群区域开展了应用示范。与传统的国土开发密度评估方法相比，基于多源遥感数据的城镇群国土开发密度三维综合评估方法能够从规模、平面布局模式以及立体开发程度等多个维度综合反映区域开发模式的时空变化，并且能够在区域、城市、城镇、公里格网多个尺度开展研究，对于细致、深入地揭示区域开发模式的基本特征与时空变化具有重要意义。

第一节　城镇群国土开发密度三维综合评估方法

一、评估方法综述

20 世纪末以来，城市蔓延被认为是当代城市空间扩展的普遍现象，城市蔓延研究也成为国内外学者广泛关注的焦点（Yeh et al.，2001；刘卫东等，2009；蒋芳等，2007；Frenkel and Ashkenazi，2008；Arribas-Bel et al.，2011；Inostroza et al.，2013；Hamidi and Ewing，2014）。城市蔓延被定义为城市边缘的低密度开发（Schneider and Woodcock，2008；Schwarz，2010），是一种与目前所倡导的紧凑城市、精明增长等城市开发理念完全相反的城市开发模式与发展状态（Hamidi and Ewing，2014）。然而，相对于城市蔓延，针对开发密度本身的研究却相对缺乏，包括对其概念与内涵的界定、监测与评估方法等都需要作大量深入的研究。

国外与开发密度相关的概念包括城市密度（urban density）（Peng and Lu，2007；Salomons and Pont，2010）、发展密度（growth density）（Schneider and Woodcock，2008）、人口密度（populaiton density）（Tian et al.，2005；Lu and Guldmann，2012）、就业密度（employment density）（Macauley，1985）以及建筑密度（building density）（Pan et al.，2008；Yu et al.，2010）等。国内常用的开发密度概念，在地块尺度和区域尺度有着不同的内涵。地块尺度的开发密度常用于表示城市土地开发程度，主要以容积率（floor area ratio）、建筑密度和建筑高度等指标来综合反映；区域尺度的开发密度反映的是区域内土地整体开发的程度，这与《全国主体功能区规划》中提出的国土开发强度是一个概念，传统计算方法较为简单，一般用建设用地空间（built-up area）占该区域总面积的比例来表示，这与国外的"growth density"概念相类似。

然而，这种传统意义上的国土开发密度只是一维的量的概念，反映的是国土开发建设的规模大小，在反映开发模式时，至少忽略了其他两个维度的差异。一是二维平面布局模式的差异（图 3–1a、图 3–1b），其所代表的两个区域的面积相等，均为 25 个格子，阴影部分代表开发建设用地面积，均为 9 个格子，如果按照传统开发密度的算法计算，两者的开发密度均为 9/25。然而，两者反映的国土开发布局模式却是完全不同的，图 3–1a 代表的是典型的集聚开发模式，而图 3–1b 代表的则是一种分散的开发模式。二是三维立体开发程度的差异（图 3–1a–1、图 3–1a–2、图 3–1b–1、图 3–1b–2），按照传统国土开发密度的算法计算，其开发密度仍然是 9/25，然而它们所反映的立体开发程度却完全不同，显然，从立体开发程度来看，b–1＞a–2＞a–1=b–2。

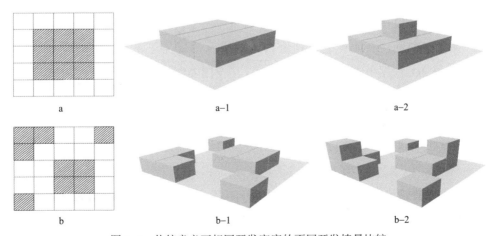

| a | a–1 | a–2 |

| b | b–1 | b–2 |

图 3–1　传统意义下相同开发密度的不同开发情景比较

由此可见，传统国土开发密度算法无法反映开发建设的平面布局模式以及立体开发程度的差异，因此无法全面地反映国土开发模式。以香港和东莞为例，香港是典型的紧凑式立体开发城市，其建设用地面积不到总面积的 30%，但却以高紧凑度的立体开发形态承载了近 700 万的人口，产出 1 640 亿元的 GDP。东莞则是珠三角"自下而上"城市化与建设开发的代表，形成了典型的分散式布局城市形态，建设用地面积已接近其国土总面积的 50%，大致相当于香港的 4 倍，承载的人口与香港相当，但产出 GDP 仅为香港的 1/2 左右。由此可见，开发模式不同，其承载能力完全不同，所带来的资源环境压力以及公共设施、生态绿地的布局需求也不尽相同。因此，需要从多个维度建立一套能够综合反映国土开发模式的开发密度指标体系及其综合评估方法，同时还要解决不同尺度开发密度评估的数据源问题。

遥感技术日益成为地理空间信息动态监测的重要手段，也为不同尺度的密度研究提供了良好的数据源，被广泛应用于城市扩展以及城市密度、人口密度、经济密度、建筑密度等相关地理空间信息的获取中。其中，美国军事气象卫星 Defense Meteorological Satellite Program（DMSP）搭载的 Operational Linescan System（OLS）传感器具有很强的光电放大能力，在夜间工作，能探测到城市灯光甚至小规模居民地、车流等发出的低强度灯光并使之明显区别于黑暗的乡村背景（Elvidge et al.，2007）。灯光影像上亮区和暗区的对比使之成为研究密集人类活动及其影响的一个有力工具（Croft，1978），也为大尺度的城市研究提供了一种独特的数据获取手段（Chen et al.，2003）。国内外学者基于 DMSP/OLS 衍生出的灯光面积以及灯光强度总和估算大尺度的社会经济空间分布状况，结果表明灯光信息与社会经济空间分布之间显著相关。如埃尔维奇（Elvidge et al.，1997）、多尔（Doll et al.，2000，2004，2006）以及戈什（Ghosh et al.，2009，2010）等众多学者曾利用夜间灯光数据估算全球经济密度。萨顿（Sutton et al.，2001）、阿马拉尔（Amaral et al.，2005）、埃尔维奇（Elvidge et al.，1999）、莱文和杜克（Levin and Duke，2012）等学者曾利用夜间灯光数据进行人口密度的模拟与研究。中国学者韩向娣等（2012a，2012b）根据中国省级行政边界建立了全国 GDP 与灯光指数的分区模型并生成全国 1 公里格网 GDP 密度图。卓莉等（2005）利用夜间灯光数据模拟了中国的人口密度。除此之外，其他多源遥感影像数据在不同尺度的密度研究中也有着广泛应用。有学者利用高分辨率航空雷达数据结合基于建筑对象的方法，提取并测算建筑覆盖率（building coverage ratio，BCR）、容积率以及建筑高度等指标，在地块和街区尺度上综合研究休斯敦中心城区的建筑密度分布特征（Yu，2010）。有学者利用 Landsat TM 影像研究了中国农村居民点的密度、规模以及空间分布特征（Tian et al.，2012）。还有学者利用 Landsat TM 影像衍生出的土地利用覆盖信息分别对美国哥伦布都市区以及全中国的人口密度进行了空间模拟（Lu，2012；Tian et al.，2005）。

总体而言，夜间灯光数据能有效地模拟建设用地之上的社会经济信息，但由于其灯光溢出效应，却往往难以准确反映建设用地的边界信息；与之相反，Landsat TM 等卫星影像数据能够准确反映建设用地的边界信息，但却难以反映建设用地之上的社会经济情况。因此，本章拟利用夜间灯光数据以及 Landsat TM 影像等多源遥感影像数据，以珠三角城镇群为研究对象，快速获取区域建设用地及其上的社会经济要素空间分布信息，并从规模、平面布局模式以及立体开发程度三个维度对国土开发密度进行多尺度的综合评估，旨在实现国土开发密度评估由二维空间向三维空间拓展，以便更加细致、深入地反映国土开发的模式与特征。

二、指标体系构建与数据获取方式

本章分别从规模、平面布局模式以及立体开发程度三个维度构建区域开发密度的指标体系。

第一维度是开发强度指标（I），反映的是区域内土地开发建设的规模比例，由建设空间（built-up area）占该区域总面积的比例来表示：

$$I = A / S \qquad\qquad 式3-1$$

式中：A 代表区域开发建设用地面积；S 代表区域总面积；I 代表开发强度。

第二维度是开发紧凑度指标（C），用以反映区域开发的平面布局模式。关于紧凑度的算法有很多（方创琳等，2008），其中较为经典的是理查德森（Richardson）和吉布斯（Gibbs）于 1961 年提出的面积周长比算法（林炳耀，1998），由于其直观简单、方便易行，因此被广泛应用（黎夏，2004），本节也采用这一算法：

$$C = 2\sqrt{\pi A} / P \qquad\qquad 式3-2$$

式中：A 为区域中开发建设用地总面积；P 为开发建设用地总周长；C 为开发紧凑度，紧凑度越大，建筑用地布局越紧凑。

测算上述两个维度的指标，需要获取区域建设用地空间分布的矢量数据，本研究通过解译 Landsat TM 和 HJ-1A 卫星影像数据来获取区域建设用地空间分布矢量信息（表 3-1）。

第三维度是开发程度指标（D），用以反映区域立体开发的程度。最直接地反映立体开发程度的指标包括综合容积率、建筑密度、建筑高度等，多从地块尺度进行衡量，适宜城市内部地块尺度的研究，在区域尺度上要全面获取数据有很大难度。另外，人口密度、经济密度等指标也可以间接地反映区域的立体开发程度。然而，目前可直接获得的

表 3–1 开发密度指标体系及数据获取方法

指标项	计算方法	数据来源及处理方法
开发强度（I）	式 3–1	利用 Landsat TM 和 HJ-1A 卫星影像数据获取建设用地空间分布规模信息
开发紧凑度（C）	式 3–2	利用 Landsat TM 和 HJ-1A 卫星影像数据获取建设用地空间分布矢量信息
开发程度（D）	模拟经济密度，式 3–3	利用 DMSP/OLS 夜间灯光影像数据结合建设用地空间分布信息，建立珠三角城镇群各县（区）建设用地夜间灯光辐射总量（RAD）与非农 GDP 之间的定量关系模型，将县（区）经济数据展布到更小尺度的地理单元上，从而实现区域经济密度空间化模拟

人口或经济统计数据均以行政单位为统计单元，且以县级以上行政单位为主，无法反映统计单元内部的密度差异与空间变化，这无疑为细致深入地评估区域开发密度带来了限制。为此，本研究采用夜间灯光数据结合建设用地空间分布信息对区域建设用地之上的经济密度（即单位建设用地的非农 GDP）进行空间化模拟，并用以反映区域开发程度的时空变化。经济密度的计算公式如下：

$$D = NA_{\text{GDP}}/A \qquad\qquad \text{式 3–3}$$

式中：A 为区域中开发建设用地总面积；NA_{GDP} 为区域第二和第三产业增值综合；D 为区域经济密度。

三、指标综合评价与三维表达

关于多指标的综合问题，一般的思路是采用多指标加权求和等办法将多个指标综合成一个综合性的指标。然而，指标综合过程会造成原有指标所反映的大量信息丧失，特别是在处理不同维度相对独立的指标综合时，这样的信息丧失更加需要避免。因此，本研究提出一种三维立体综合评价指标的综合评价方法，即采用三维立体坐标来分别表示三类指标的值（图 3–2）。在本研究中，x 轴代表开发强度 I、y 轴代表开发紧凑度 C、z 轴代表开发程度 D。三维立体的表达，让原有指标一目了然，避免了原有信息的丧失，同时也便于各项指标在时间轴和空间轴上的对比。

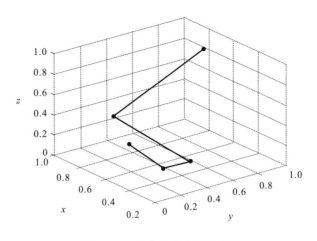

图 3-2　三维立体综合评价模型

第二节　评估方法在珠三角城镇群的应用示范

一、研究区域、数据来源及处理

1. 研究区域

本研究选取珠三角城镇群作为研究区域，研究范围包括广州市、深圳市、珠海市、中山市、佛山市、东莞市、江门市、惠州市（不含龙门县）以及肇庆市（不含广宁、怀集、封开、德庆四县），总面积 40 041 平方千米。目前，珠三角城镇群是中国社会、经济发展最为迅速的地区之一，也是中国最具代表性与影响力的三大城镇群区域之一。

2. 利用 Landsat TM 及 HJ-1A 卫星影像获取建设用地空间分布信息

通过解译覆盖珠三角城镇群 1998 年、2006 年、2012 年三个时相的遥感影像来获取相应年份建设用地空间分布信息。本研究使用的遥感数据源包括 1998 年和 2006 年的 Landsat TM 数据以及 2012 年的中国国产 HJ-1A 卫星数据[①]。首先，对遥感图像进行几何纠正，使得所有的遥感影像具有相同的投影信息。然后，采用人工目视解译的方式获取研究区域三个时相的建设用地信息。由于人工目视解译可以充分利用判读人员的经验和知识，对于提取目标的空间信息、语义信息特别有效，因此，人工目视解译仍然是遥感

---

① 由于 2012 年 Landsat TM 卫星传感器已经损坏，停止工作，因此采用中国国产 HJ-1A 卫星数据替代，该数据有着与 Landsat TM 相同的 30 米空间分辨率。

图像应用过程的一个重要的作业方法之一（朱述龙、张占睦，2002）。本研究采用美国 ERDAS 公司开发的专业遥感图像处理系统软件 ERDAS IMAGINE 9.1 来实现遥感数据预处理的过程，使用美国环境系统研究所（Environment System Research Institute，ESRI）开发的 GIS 软件 ArcGIS 9.3 Workstation 中利用 AML 语言开发的人工目视解译工具来完成解译工作。最后，利用遥感分类精度评定中常用的分类总精度和 Kappa 系数评价解译结果。在每个时相设 1 000 个检验点（建设用地和非建设用地各 500 个），利用高分辨率的遥感影像和野外实测调查结果来检验分类结果，获得的分类总精度和 Kappa 系数如表 3–2 所示。从表 3–2 中可以看出，三个时相的人工目视解译精度均超过了 90%，可以将这三个时相的建设用地空间分布信息（图 3–3）作为后续分析的基础数据源，分析结果具有较高可信度。

表 3–2 三个时相分类精度对比

	用地类型	建设用地	非建设用地	总精度（%）	Kappa 系数
1998 年	建设用地	465	35	93.4	0.917
	非建设用地	31	469		
2006 年	建设用地	475	25	94.7	0.926
	非建设用地	28	472		
2012 年	建设用地	468	32	93.9	0.919
	非建设用地	39	471		

3. 利用 DMSP/OLS 夜间灯光影像数据实现区域经济密度空间化模拟

本研究使用的 1998 年、2006 年和 2012 年三期 DMSP/OLS 夜间灯光影像数据，来源于美国国家海洋和大气管理局（National Oceanic and Atmospheric Administration）下属的国家地球物理数据中心（National Geophysical Data Center）V4DNLTS 数据集，该数据集从 NGDC 网站下载（http://www.ngdc.noaa.gov/dmsp/downloadV4composites.html）。DMSP/OLS 夜间灯光影像数据是年度合成影像数据，消除了云、太阳光、月光、极光和火灾等偶然因素影响；数据灰度值范围 1～63，背景值为 0，空间分辨率为 0.008333°。由于三期的 DMSP/OLS 夜间灯光影像数据来自于不同卫星上的传感器，各自的数据之间存在差异，无法直接进行比较，需进行修正后才能使用。本研究首先提取出珠三角城镇群范围内的夜间灯光数据，然后采用 Liu 等（2012）建立的方法对夜间灯光遥感影像进行融合去噪（intra-annual composition）和年际序列修正（inter-annual series correction）等。由于 2010 年之后的夜间灯光数据仅有一个传感器收集，因此，2012 年的夜间灯光数据只进行了年际序列修正。

4. 其他数据

其他数据还包括：珠三角城镇群各县（区）1998 年、2006 年、2012 年的非农 GDP 统计数据，数据来源于各年份广东省统计年鉴以及所涉各地级市统计年鉴，主要用于区域经济密度空间化建模；珠三角 79 个镇 2012 年的非农 GDP 数据，数据来源于部分城市或县（区）统计年鉴及公报，主要用于模型的降尺度精度检验；珠三角城镇群县（区）级以及镇级行政界线，资料来源于第二次全国土地调查成果，比例尺为 1∶10 000。为消除价格变动因素的影响，GDP 数据均统一换算为 2010 年可比价。

二、区域经济密度空间化模拟结果

分别利用珠三角城镇群 1998 年、2006 年、2012 年三个时相的建设用地边界切割相应年份的经过处理的 DMSP/OLS 夜间灯光影像，再叠加县（区）行政边界，获得三个年份各县（区）建设用地范围内的夜间灯光数据。利用夜间灯光数据的稳定灯光值部分（stable lights）派生出的稳定灯光强度数据，可统计各县（区）三个年份建设用地范围内的夜间灯光辐射总量（RAD）。分别利用 1998 年、2006 年、2012 年的县（区）样本建立夜间灯光辐射总量与非农 GDP（GDP_{23}）统计值之间的回归模型，样本个数分别为 33、43、43。实验证明，剔除个别因灯光饱和问题造成的"异常值"，三个时期的夜间灯光辐射总量与非农 GDP（GDP_{23}）统计值之间线性相关关系明显，且常数项均为 0，表明二者之间存在同比例增长关系（图 3–3）。

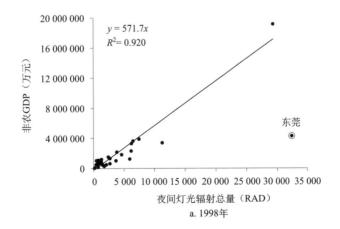

$$y = 571.7x$$
$$R^2 = 0.920$$

a. 1998年

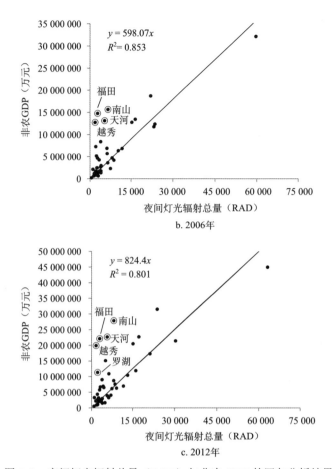

图 3–3 夜间灯光辐射总量（RAD）与非农 GDP 的回归分析结果

　　假设模型关系在更小的空间尺度上依然存在，则非农 GDP 的空间化过程可转换为各个空间模拟单元按照夜间灯光辐射总量区域占比分配所在县（区）非农 GDP 统计值的过程（图 3–4）。

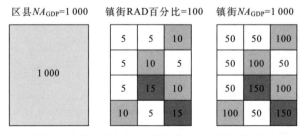

图 3–4 基于夜间灯光的非农 GDP 空间化过程

　　受数据所限，目前还不能直接验证公里格网尺度的模拟结果。本研究利用部分城镇的统计数据（79 个镇 2012 年的非农 GDP 数据）进行模拟精度检验，结果表明，79 个检验样本中（占城镇总数的 1/6 左右，具有随机性），56 个样本相对误差在 40% 以内，样本平均相对误差为 28%，总体估计精度达到 72%。由此可见，空间化结果可信度较高，可以进一步用于城镇和公里格网尺度的经济密度空间化模拟，以细致反映区域开发程度的空间分布特征。

三、区域与城市尺度开发密度三维变化

对珠三角城镇群以及主要城市的开发密度进行三维综合评价，结果（表 3-3、图 3-5）发现，1998～2012 年，珠三角城镇群的开发强度由原来的 8.08% 上升至 16.93%，开发建设规模增长了 1.1 倍。随着城镇群空间的快速扩展，区域开发紧凑度逐渐下降，1998 年、2006 年、2012 年分别为 0.0082、0.0073、0.0065，一定程度上表明区域开发模式以蔓延式为主，从而导致城镇群空间形态整体上趋于分散。与此同时，国土开发程度不断提高，由 1998 年的 19 146.34 万元/平方千米增加到 2012 年的 59 432.39 万元/平方千米，增长了 2.1 倍。

表 3-3　珠三角城镇群及主要城市开发密度三维评价结果

	开发强度（%）			开发紧凑度			开发程度（万元/平方千米）		
	1998 年	2006 年	2012 年	1998 年	2006 年	2012 年	1998 年	2006 年	2012 年
东莞	25.13	34.63	42.71	0.0216	0.0205	0.0206	7 819.83	30 817.39	42 362.08
佛山	10.26	18.35	23.28	0.0212	0.0178	0.0169	27 622.16	36 281.38	64 259.07
广州	10.01	13.51	20.99	0.0163	0.0148	0.0136	13 615.63	62 502.84	79 138.07
惠州	2.37	3.80	7.49	0.0241	0.0199	0.0148	20 198.53	17 203.30	27 732.59
江门	3.26	4.72	9.54	0.0205	0.0174	0.0142	17 735.82	16 465.19	17 503.47
深圳	27.57	37.81	44.45	0.0297	0.0293	0.0300	35 367.78	81 213.89	131 251.59
肇庆	2.07	2.97	4.47	0.0419	0.0366	0.0305	27 994.70	16 405.69	45 142.55
中山	14.98	21.69	32.24	0.0313	0.0276	0.0282	13 506.29	27 977.10	39 485.40
珠海	12.53	16.08	22.12	0.0399	0.0354	0.0334	17 986.10	30 300.52	36 752.15
珠三角	8.08	11.65	16.93	0.0082	0.0073	0.0065	19 146.34	43 030.88	59 432.39

从各城市开发密度三维评价结果的对比来看，1998～2012 年，各城市的开发强度均有较大程度的增长，其中，佛山、广州、惠州、江门、肇庆、中山等城市的增长幅度均在 1 倍以上。各城市之间的开发强度差异巨大，2012 年，东莞、深圳等城市的开发强度已超过 40%，而惠州、江门、肇庆等珠三角外圈层城市的开发强度则不到 10%。从开发紧凑度的变化来看，除深圳自 1998 年以来一直略有上升之外，大部分城市的开发紧凑度均呈现下降趋势，其中，东莞、中山自 2006 年以来开发紧凑度略有上升。由此可见，除

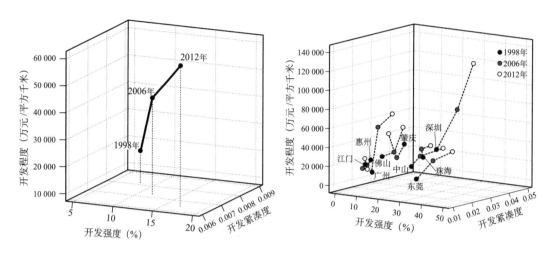

图 3–5　珠三角城镇群区域（左）及主要城市（右）的开发密度三维变化

深圳等个别城市外，珠三角大部分城市仍处于以蔓延式开发为主的阶段。从开发程度的变化来看，除江门外，绝大部分城市的开发程度均有不同程度的提高。其中，广州、东莞、深圳的变化最为突出，2012 年的开发程度分别是 1998 年的 5.81、5.42、3.71 倍。各城市之间的开发程度差异明显，开发程度最高的城市是深圳，2012 年其开发程度达到 131 251.59 万元/平方千米，是珠三角城镇群平均开发程度的 2.21 倍，是开发程度最低的江门市的 7.49 倍。

四、城镇尺度开发密度的三维变化

利用城镇尺度的珠三角经济密度的空间化模拟结果，结合区域建设用地空间扩展的信息，可以计算出各城镇的国土开发强度、开发紧凑度及开发程度，从而更加细致地反映区域开发密度的三维变化过程与特征。珠三角城镇群国土开发密度的时空变化表现出明显的内外圈层分异特征①。从开发强度来看，自 1998 年以来，各城镇的开发强度均有不同程度的提高，特别是位于环珠江口的内圈层城镇，开发强度提高尤为明显，国土开发高度集中于内圈层，且内外圈层分异特征日趋明显。从开发紧凑度的变化来看，除少数城镇紧凑度略有上升外，绝大多数城镇开发紧凑度呈现下降趋势，特别是位于城镇群外圈层的部分欠发达城镇，开发紧凑度下降的趋势更为明显。从开发程度的变化来看，各城镇开发程度均有较大提高，内圈层国土开发程度的提高尤为明显，其开发程度明显

---

① 本节中的珠三角城镇群内外圈层：内圈层包括广州市区（不含从化、增城）、深圳、珠海香洲区、佛山禅城区、南海区、顺德区、东莞、中山，其国土面积占珠三角区域总面积的 29.22%；外圈层包括增城、从化、斗门、三水、高明、江门、惠州、肇庆，其国土面积占珠三角区域总面积的 70.78%。

高于外圈层。

为进一步分析各城镇开发强度与开发紧凑度、开发程度之间的关系，利用各城镇三个年份的开发密度数据，生成开发强度与开发紧凑度、开发程度之间的散点图（图 3–6）。从图 3–6 看出，城镇开发强度与开发紧凑度之间整体呈现较为明显的"U"形曲线关系（R^2=0.2838），随着城镇开发强度的增大，开发紧凑度逐渐下降至低谷，当城镇开发强度超过 40% 之后，开发紧凑度随开发强度的增大在逐渐增大。这与实际的情况相符，城镇在开发的最初，往往集中在镇区中心开发，开发强度较低，空间形态也较为紧凑；进入开发初期，开发模式一般较为分散，因此随着开发强度的增大，城镇空间形态也趋于分散，当开发强度超过 40% 以后，受土地资源约束，空间开发逐渐变为以填充模式为主，空间形态也随开发强度的进一步增大而趋于紧凑。从图 3–6b 看出，开发强度与开发程度之间的关系相对不明显（R^2=0.2132）。珠三角城镇群绝大多数城镇的开发程度在1 000 000 万元/平方千米以内，整体上随着开发强度的提高而呈现上升趋势。

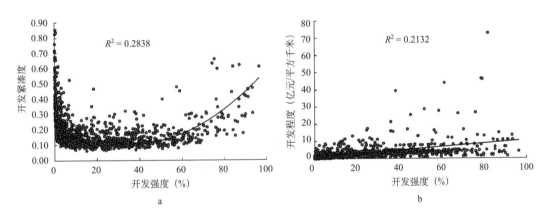

图 3–6　珠三角城镇群城镇开发强度与开发紧凑度和开发程度散点图

五、公里格网尺度开发密度的三维变化

利用基于公里格网的珠三角经济密度的空间化模拟结果，同时结合区域建设用地的扩展过程，可以进一步在公里格网尺度直观地反映开发密度的三维变化过程与特征（图 3–7），可以直观地看出，珠三角城镇群开发程度的空间差异非常显著，且具有明显的阶段特征。从空间差异上看，环珠江口内圈层 2012 年的开发程度明显高于外圈层区域，特别是广州、深圳的中心城区。从阶段特征上看，到 2012 年，1998 年既有的建设用地开发程度明显高于随后两个时期新增建设用地的开发程度，进一步佐证了之前关于珠三

角城镇群区域开发模式以蔓延式为主的判断。进一步对公里格网的数据进行分市统计与汇总（表3–4），结果表明，到2012年，珠三角城镇群1998年既有建设用地的开发程度为59 910.64万元/平方千米，1998～2006年新增建设用地的开发程度为46 850.26万元/平方千米，为1998年既有建设用地的78.20%，2006～2012年新增建设用地开发程度为28 834.01万元/平方千米，仅为1998年既有建设用地的48.13%。与表3–3中1998年珠三角区域开发程度的结果相比较，可以看出，1998年既有建设用地的开发程度在当时仅为19 146.34万元/平方千米，至2012年，已提高到原有水平的3.13倍。由此可见，自1998年以来，整个珠三角城镇群区域开发程度大幅提高的原因，主要在于原有建设用地的开发效率提升，而非新增建设用地的紧凑式开发。从各城市不同阶段建设用地开发程度的对比亦能看出，除惠州、肇庆、珠海1998～2006年新增建设用地开发程度略高于1998年既有建设用地，深圳2006～2012年新增建设用地开发程度略高于1998～2006年新增建设用地之外，大部分城市新增建设用地开发程度与1998年既有建设用地的开发程度相比均呈现逐渐下降趋势。

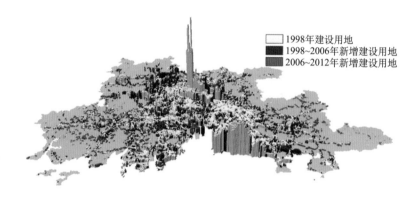

图3–7　珠三角城镇群国土开发密度三维变化（公里格网，1998～2012年）

注：黄色、蓝色、玫红色柱子分别代表1998年建设用地以及1998～2006年、2006～2012年新增建设用地，直观反映城市群空间扩展的过程。柱子高度代表上述建设用地至2012年时的开发程度。

表3–4　珠三角城镇群各城市不同阶段建设用地开发程度对比

	1998年	1998～2006年新增	2006～2012年新增
东莞	42 233.81	41 390.58	39 825.73
佛山	63 492.67	59 600.12	52 446.79
广州	76 405.87	61 430.80	40 656.55
惠州	28 083.09	31 515.01	14 115.25
江门	17 159.24	12 723.63	9 853.48

续表

	1998 年	1998～2006 年新增	2006～2012 年新增
深圳	140 332.24	92 335.40	111 998.02
肇庆	41 433.98	41 618.63	24 300.37
中山	39 083.91	38 213.02	36 182.35
珠海	33 648.82	34 688.50	23 681.00
珠三角	**59 910.64**	**46 850.26**	**28 834.01**

六、珠三角城镇群国土开发密度特征总结

上述结果表明，自 1998 年以来，珠三角城镇群国土开发呈现出如下三方面特点。

（1）区域开发模式以蔓延式为主。蔓延式开发以低密度的国土开发为主要特征，开发程度不高，且伴随着建设用地规模的迅速扩张，区域开发紧凑度呈现下降趋势。在珠三角城镇群地区具体表现为：①从整个城镇群区域开发密度的评价结果来看，伴随着城镇群区域整体开发强度的快速增大，区域开发紧凑度逐渐下降，1998 年、2006 年、2012 年分别为 0.0082、0.0073、0.0065，城镇群空间形态整体上趋于分散；②从各城市开发紧凑度的变化来看，除深圳自 1998 年以来一直略有上升之外，大部分城市的开发紧凑度均呈现下降趋势，由此可见，大部分城市仍处于以蔓延式开发为主的阶段；③从基于公里格网的评价结果来看，自 1998 年以来，珠三角城镇群新增建设用地的开发程度普遍不高，从开发程度的现状对比来看，1998～2006 年、2006～2012 年两个时期的新增建设用地开发程度明显低于 1998 年既有建设用地的开发程度，且呈现逐渐降低趋势；④尽管区域开发程度提高显著，但并非源于新增建设用地的紧凑式开发，而更多源于原有建设用地开发效率的提升。

（2）区域开发密度空间差异明显。具体表现为：①各城市之间的开发强度、开发紧凑度与开发程度存在较大差异，部分城市的开发强度已超过 40%，而部分城市的开发强度则不到 10%，平均开发程度最高的城市与最低的城市相比，相差近 4 倍；②城镇与公里格网尺度的评价结果均表明，区域开发密度的内外圈层特征明显，且日趋显著，区域开发强度高度集中于内圈层，且内圈层开发程度明显高于外圈层，加之内圈层开发强度与开发程度的增长幅度明显高于外圈层，由此造成内外圈层差异日趋显著。

（3）城镇开发强度、开发紧凑度以及开发程度之间存在一定的耦合关联。具体表现为：①开发强度与开发紧凑度之间整体呈现较为明显的"U"形曲线关系，随着开发强度的增大，开发紧凑度逐渐下降至低谷，当城镇开发强度超过 40% 之后，开发紧凑度随

开发强度的增大在逐渐增大；②开发强度与开发程度之间的关系相对不明显，开发程度整体上随着开发强度的提高而呈现上升趋势。

第三节 城镇群国土开发密度三维综合评估系统开发

一、系统简介

在上述方法创新的基础上，本研究开发了城镇群国土开发密度的三维综合评估系统。该系统将遥感、地理信息系统、虚拟现实等技术手段结合，形成一个综合的城镇群国土开发密度的三维综合评估系统，可为相关研究人员进行国土开发密度分析与展示提供一个良好的实现手段，为决策层提供国土利用与城市规划的依据和辅助经济与发展改革决策的工具。

基于面向对象的分析与设计的思想，该系统还设计了相关的类库。该系统的功能包括四大部分，分别为二维地图浏览、三维地图浏览、开发密度计算、三维展示，总体功能结构如图3-8。

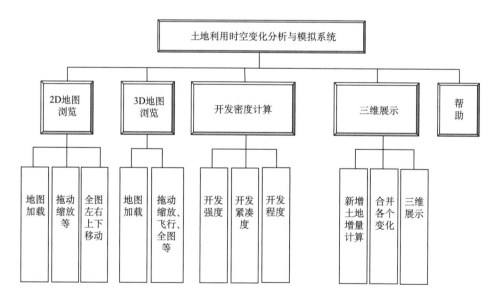

图3-8 系统功能结构

本系统的开发主要达成以下目标：

（1）简化大量烦琐的文件编辑步骤，采用自动生成相应文件格式，自动编辑文件内容，大大提高模型模拟的效率；

（2）实现并集成开发强度、开发紧凑度、开发程度等一系列国土开发时空演变分析方法；

（3）实现非农 GDP 的空间化，即可通过地图展示非农 GDP；

（4）实现新增土地专题图与开发程度综合的三维地图，从而可以从水平方向了解土地的增加情况，从垂直高度了解该土地的开发程度；

（5）必要的数据输出手段包括但不限于：开发强度专题图、开发紧凑度专题图、开发程度专题图、土地变化专题图、土地开发三维专题图等。

该系统相较于传统的区域开发密度评估方法的优异之处在于，基于多源遥感数据的区域开发密度三维综合评估方法能够从规模、平面布局模式以及立体开发程度等多个维度综合反映区域开发模式的时空变化，并且能够在区域、城市、城镇、公里格网多个尺度开展研究，对于细致、深入地揭示区域开发模式的基本特征与时空变化具有重要意义，从而让使用者更好地了解珠三角国土开发的过程，支持决策者制定相应的政策。

二、系统配置

1. 系统运行环境

（1）硬件环境：普通 PC 机；

（2）软件环境：Windows XP/Vista/7 操作系统，.NET 环境，ArcGIS Engine Runtime。

2. 系统安装

在部署了.NET 环境的计算机上运行 exe 安装文件。

安装顺序如下：

（1）安装 ArcGIS Engine Runtime；

（2）安装本软件。

3. 数据组织与管理

本部分约定系统的数据组织与管理形式，以便用户为下一步的分析与模拟做好准备。本系统允许用户直接输入或导入从其他 GIS 数据源输出的空间数据，所有源数据都统一到相同的区域范围，采用统一的高斯投影 38 带，在 ArcGIS 中生成统一空间分辨率的 Grid 格式。空间变量名称与变量约定如表 3–5。

表 3–5 相关数据格式说明

文件内容	文件命名	文件格式
各年份建设用地	"建设用地"首字母+年份,如"jsyd1998""jsyd2006"等	栅格类型,ArcGIS Grid 格式
夜间灯光数据	"夜间灯光"首字母+年份,如"yjdg1998""yjdg2006"等	栅格类型,ArcGIS Grid 格式
行政区划数据	"矢量数据.mdb",其中矢量要素集命名为行政界线,要素类有市界、县区界、镇街界	矢量类型,ArcGIS Personal Geodatabase
非农 GDP 数据	Excel 数据,"非农 GDP.xlsx",其中第一行包括万元、1998、2006、2012 等;第二行及以下为区、1998 的非农 GDP、2006 的非农 GDP、2012 的非农 GDP	Excel 2010 的 xlsx 文件
遥感底图数据	"rs.lyr",内容为珠三角的遥感影像	ArcGIS 支持的图层类型,Rs.lyr
地图底图数据	"Map.lyr",内容为珠三角地图瓦片数据构成的图层文件	ArcGIS 支持的图层类型,Map.lyr
其他	与国土开发相关的其他数据	ArcGIS 支持的格式均可

4. 数据处理流程

珠三角国土开发密度的三维综合评估系统遵循严格的处理流程,环环相扣,同时各个功能又自成体系,可以单独使用(图 3–9)。

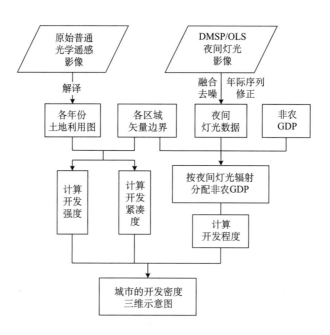

图 3–9 国土开发密度三维综合评估处理流程

三、系统基本操作

本节以珠三角国土开发密度的三维综合评价为例，演示国土开发密度三维综合评价系统的主要功能。

1. 主界面

珠三角国土开发密度三维综合评价系统采用功能区用户界面的形式以方便用户使用。为方便用户浏览，功能区包含若干个围绕特定功能进行组织的选项卡。

用户在按照第二章的数据组织要求准备好对应格式的数据之后，首先根据需要点击功能区图标"开发密度计算"和"三维展示"。其中，"开发密度展示"功能区包含"开发强度：珠三角""开发强度：城市""开发强度：县区""开发强度：镇街""开发紧凑度：珠三角""开发紧凑度：城市""开发紧凑度：县区""开发紧凑度：镇街""开发程度：各区夜间灯光""非农 GDP 回归""非农 GDP 空间化"11 个子功能；"三维展示"功能区包含"新增土地计算""合并各个变化""三维展示"三个子功能。在功能区下方为二维和三维地图视图界面，用户点击数据加载的相关按钮，地图视图界面将在左侧显示加载好的图层信息，右侧显示地图视图。

2. 二维地图浏览

系统提供地图加载、地图浏览及图层控制功能。

（1）二维地图加载

功能：能够加载不同格式和来源的数据，包括 shp 文件、Geodatabase、Raster、Server data、Layer files。

输入：输入需打开文件的路径。

处理：通过 ArcGIS Engine 预定义命令。

结果：所要打开的文件显示在主界面中。

运行界面：如图 3–10、图 3–11。

（2）拖动放大

功能：按着鼠标左键，向前推动缩小，向后拉动放大；中键向前滚动缩小，向后滚动放大；右键按下拖动实现漫游。

输入：已加载好的地图、遥感影像等。

处理：通过 ArcGIS Engine 预定义命令。

结果：实现地图的快速浏览。

图 3-10 地图加载功能运行界面

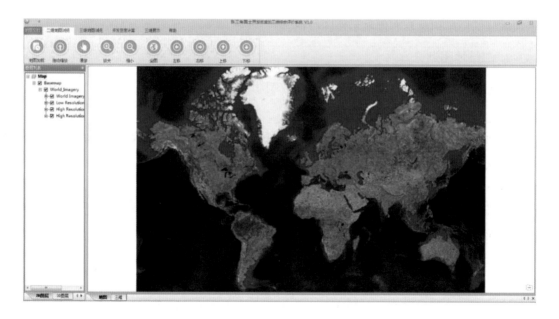

图 3-11 数据加载结果界面

（3）其他地图浏览功能

功能：漫游、放大、缩小、全图、左移（点击该按钮地图向左移动）、右移、上移、下移。

输入：已加载好的地图、遥感影像等。

处理：修改地图 extent 属性。

结果：实现地图的快速浏览。

（4）图层相关操作

功能：实现对图层的移除、缩放至图层、简单矢量符号渲染、分级渲染。

输入：某一个图层，右键点击，弹出快捷菜单，选择所要执行的操作。

处理：图层删除；使当前地图范围为该图层的范围；更改当前图层矢量符号；分级渲染栅格图层。

结果：实现图层的移除、缩放和渲染。

3. 三维地图浏览

（1）三维地图加载

功能：能够加载不同格式和来源的数据，包括 shp 文件、Access 文件、lyr 文件、栅格文件。

输入：输入需打开的文件的路径。

处理：通过 ArcGIS Engine 预定义命令。

结果：所要打开的文件显示在主界面中。

（2）三维地图浏览功能

功能：方便浏览三维场景，包括三维浏览（按鼠标左键可以缩放，按右键可以拖动）、漫游、放大/缩小（向前推缩小，向后拉放大）、全图、飞行（选择后点击地图，左键加速，右键减速；按键盘的 Esc 键，可以取消）。

输入：在"三维地图浏览"功能区选择所需的命令或工具。

处理：通过 ArcGIS Engine 预定义命令。

结果：实现所需的浏览效果。

4. 开发密度计算

（1）开发强度：珠三角

功能：开发强度指标反映的是区域内土地开发建设的规模比例，由建设空间占该区域总面积的比例来表示，公式见式 3-1。

输入：建设用地图。

处理：①得到栅格图层的空间分辨率；②对栅格图层的属性表进行读取，得到栅格个数，基于个数和空间分辨率，分别得到建设用地的面积和总面积。

结果：得到输入的建设用地的开发强度，如该计算结果为：A:3318，S:41003，$A/S=$

0.0809209082262274。

（2）开发强度：城市

功能： 对珠三角中各个城市计算相应的开发强度。

输入： 建设用地图。

处理： ①得到建设用地图和城市分布图；②基于城市分布图将整个建设用地图切割成各个城市的建设用地图；③对每个地市的建设用地图计算开发强度。

结果： 得到各个城市的开发强度 shp 文件，其中记录着各个城市的开发强度，其路径为：应用程序的目录+ "\result\市界_CityDevStrength.shp"。

（3）开发强度：县区

功能： 对珠三角中各个县区计算相应的开发强度。

输入： 建设用地图；城市分布数据。

处理： ①得到建设用地图和县区分布图；②基于县区分布图将整个建设用地图切割成各个县区的建设用地图；③对每个县区的建设用地图计算开发强度。

结果： 得到各个县区的开发强度；shp 文件，其中记录的各个县区的开发强度，其路径为：应用程序的目录+ "\result\县区界_CityDevStrength.shp"。

（4）开发强度：镇街

功能： 对珠三角中各个镇街计算相应的开发强度。

输入： 建设用地图；镇街分布数据。

处理： ①得到建设用地图和镇街分布图；②基于镇街分布图将整个建设用地图切割成各个镇街的建设用地图；③对每个镇街的建设用地图计算开发强度。

结果： 得到各个镇街的开发强度 shp 文件，其中记录着各个镇街的开发强度，其路径为：应用程序的目录+ "\result\镇街界_CityDevStrength.shp"。

（5）开发紧凑度：珠三角

功能： 开发紧凑度指标用以反映区域开发的平面布局模式。本章节采用面积周长比算法，公式见式 3–2。

输入： 建设用地图。

处理： ①栅格转矢量；②disovle；③查询到建设用地并计算各个 Feature 的面积和周长：

IArea pArea= pFt.Shape as IArea；

dbArea = dbArea + pArea.Area；

ICurve pCurve = pFt.Shape as ICurve；

dbPerimeter = dbPerimeter + pCurve.Length。

结果：得到输入的建设用地的开发紧凑度，如该计算结果为：面积：3 318 000 000.00002；周长：7 809 999.99999996；开发紧凑度：0.0261452072618621。

（6）开发紧凑度：城市

功能：对珠三角中各个城市计算相应的开发紧凑度。

输入：建设用地图；城市分布数据。

处理：①得到建设用地图和城市分布图；②基于城市分布图将整个建设用地图切割成各个城市的建设用地图；③对每个地市的建设用地图计算开发紧凑度。

结果：得到各个城市的开发紧凑度 shp 文件，其中记录着各个城市的开发紧凑度，其路径为：应用程序的目录+ "\result\市界_CityDevCompact.shp"。

（7）开发紧凑度：县区

功能：对珠三角中各个县区计算相应的开发紧凑度。

输入：建设用地图；县区分布数据。

处理：①得到建设用地图和县区分布图；②基于县区分布图将整个建设用地图切割成各个县区的建设用地图；③对每个县区的建设用地图计算开发紧凑度。

结果：得到各个县区的开发紧凑度 shp 文件，其中记录着各个县区的开发紧凑度，其路径为：应用程序的目录+ "\result\县区界_CityDevCompact.shp"。

（8）开发紧凑度：镇街

功能：对珠三角中各个镇街计算相应的开发紧凑度。

输入：建设用地图；镇街分布数据。

处理：①得到建设用地图和镇街分布图；②基于镇街分布图将整个建设用地图切割成各个镇街的建设用地图；③对每个镇街的建设用地图计算开发紧凑度。

结果：得到各个镇街的开发紧凑度 shp 文件，其中记录着各个镇街的开发紧凑度，其路径为：应用程序的目录+ "\result\镇街界_CityDevCompact.shp"。

（9）开发程度：各区夜间灯光

功能：获取各区域的夜间灯光数据。

输入：夜间灯光数据；建设用地数据；行政区划数据。

处理：①将夜间灯光数据与建设用地数据相乘，得到建设用地范围内的夜间灯光数据；②对建设用地内的夜间灯光数据，切割各区内的数据；③计算各个区域夜间灯光辐射量。

结果：得到行政区划内的夜间灯光辐射量。

需要强调的是，本功能未分别针对各类别行政区单独实现，用户可灵活选择所需的行政类别。

（10）开发程度：非农 GDP 回归

功能：将各个县区的非农 GDP 与其夜间灯光辐射数据进行回归分析。

输入：夜间灯光数据；非农 GDP 数据。

处理：①将夜间灯光数据与非农 GDP 数据做回归；②计算回归系数及相关系数。

结果：得到非农 GDP 回归结果。

（11）开发程度：非农 GDP 空间化

功能：基于夜间灯光辐射数据将各个县区的非农 GDP 空间化。

输入：data\zhuhaidata\栅格数据\yjdg2012；data\zhuhaidata\栅格数据\jsyd2012；data\zhuhaidata\矢量数据\矢量数据.mdb，选择"县区"；data\zhuhaidata\非农 GDP 数据\非农 GDP.xlsx。

处理：①将回归系数代入夜间灯光数据结果，计算空间内的 GDP 值；②将计算结果表达到空间上。

结果：得到非农 GDP 空间分布结果。

5. 三维展示

（1）两年间土地的变化

功能：计算两年间的土地变化。

输入：data\zhuhaidata\栅格数据\jsyd2006；data\zhuhaidata\栅格数据\jsyd2012。

处理：①lyr2-lyr1；②转换为矢量形式。

结果：\result\ca\jsyd2006_jsyd2012_TwoLandChang.txt。

需要强调的是，分别对 1998～2006 年、2006～2012 年做土地变化图。

（2）合并各个变化

功能：将各个年份的变化，加上最初的土地现状。

输入：data\zhuhaidata\栅格数据\jsyd1998；变化图。

处理：①将各个变化图合并起来；②属性记录变化的年份。

结果：\result\3d\两个变化.shp。

（3）3D 查看

功能：将变化图、非农 GDP 空间化成果以三维的形式展示出来。

输入：tmp\NNGDP.img；result\3d\2 个变化.shp。

处理：①空间化的非农 GDP 与土地变化图相交；②根据相关属性值实现三维展示。

结果：tmp\NNGDP_Change_3d.shp。

6. 帮助

系统提供调用本软件的使用说明书、相关技术文档及 Ppt 菜单。

第四节 结论与展望

本章提出了城镇群国土开发密度的三维概念与综合评估方法，开发了城镇群国土开发密度的三维综合评估系统。在珠三角城镇群的示范结果表明，总体而言，基于 Landsat TM 影像以及夜间灯光数据等多源遥感影像数据，能够快速地获取区域建设用地及其上的社会经济要素空间分布信息，从而有效地实现区域国土开发密度的三维综合评估。与传统的区域开发密度评估方法相比，三维综合评估方法能够从开发强度、开发紧凑度、开发程度三个维度综合反映区域开发模式的时空变化，并且能够在区域、城市、城镇、公里格网多个尺度开展细致、深入的研究。其中，公里格网尺度的研究结果意义尤为重大，能够有效实现与自然地理数据的空间融合，从而为进一步研究区域开发密度与其他地理空间要素的关系奠定基础。

城镇群国土开发密度三维综合评估系统依照实用性、可扩展和可维护性、安全可靠性以及操作界面友好的基本设计原则，可视化的操作方式，界面简洁、操作方便，不仅实现了面向土地开发各类指标的计算，而且实现了夜间灯灯光辐射量与非农 GDP 的回归分析、开发程度的三维可视化，这对于城市规划、土地政策制定、环境保护的业务处理具有极高价值，有助于做出科学决策，提高工作效率。

未来，可以在这一尺度上，进一步研究区域开发密度与交通布局、与城市中心区布局以及与大型基础设布局之间的关系等，这对于促进形成 TOD（交通导向的土地开发模式）等紧凑式开发模式具有重要的现实意义。

参 考 文 献

Amaral, S., Câmara, G., Monteiro, A. M. V., et al. Estimating Population and Energy Consumption in Brazilian Amazonia using DMSP Night-time Satellite Data. *Computers Environment and Urban Systems*, 2005, 29(2): 179-195.

Arribas-Bel, D., Nijkamp, P., Scholten, H. Multidimensional Urban Sprawl in Europe: A Self-organizing Map Approach. *Computers, Environment and Urban Systems*, 2011, 35(4): 263-275.

Chen, J., Zhuo, L., Shi, P., et al. The Study on Urbanization Process in China based on DMSP/OLS Data:

Development of a Light Index for Urbanization Level Estimation. *Journal of Remote Sensing*, 2003, 7(3): 168-175.

Croft, T. A. Night Time Images of the Earth from Space. *Scientific American*, 1978, 239: 86-89.

Doll, C. N. H., Morley, J. G., Muller, J. P. Geographic Information Issues Associated with Socio-economic Modelling from Night-time Light Remote Sensing Data. *Proceedings of the XXth ISPRS Congress, Commission VII*, 2004: 790-795.

Doll, C. N. H., Muller, J. P., Elvidge, C. D. Night-time Imagery as a Tool for Global Mapping of Socio-economic Parameters and Greenhouse Gas Emissions. *Ambio*, 2000, 29(3): 157-162.

Doll, C. N. H., Muller, J. P., Morley, J. P. Mapping Regional Economic Activity from Night-time Light Satellite Imagery. *Ecological Economics*, 2006, 57: 75- 92.

Elvidge, C. D., Baugh, K. E., Dietz, J. B., et al. Radiance Calibration of DMSP-OLS Low-light Imaging Data of Human Settlements. *Remote Sensing of Environment*, 1999, 68(1): 77-88.

Elvidge, C, D., Baugh, K. E., Kihn, E. A., et al. Relation between Satellite Observed Visible-near Infrared Emissions, Population, Economic Activity and Electric Power Consumption. *International Journal of Remote Sensing*, 1997, 18(6): 1373-1379.

Elvidge, C. D., Cinzano, P., Pettit, D. R., et al. The Night Sat Mission Concept. *International Journal of Remote Sensing*, 2007, 28(12): 2645-2670.

Elvidge, C. D., Imhoff, M. L., Baugh, K. E., et al. Night-time Lights of the World: 1994-1995. *ISPRS Journal of Photogrammetry and Remote Sensing*, 2001, 56: 81-99.

Frenkel, A., Ashkenazi, M. Measuring Urban Sprawl: How Can We Deal with It? *Environment and Planning B: Planning and Design*, 2008, 35(1): 56-79.

Ghosh, T., Powell, R. L., Elvidge, C. D., et al. Shedding Light on the Global Distribution of Economic Activity. *The Open Geography Journal*, 2010(3): 148-161.

Ghosh, T., Sutton, P., Powell, R., et al. Estimation of Mexico's Informal Economy and Remittances Using Nighttime imagery. *Remote Sensing* , 2009, 1(3): 418-444.

Hamidi, S., Ewing, R. A Longitudinal Study of Changes in Urban Sprawl between 2000 and 2010 in the United States. *Landscape and Urban Planning*, 2014, 128: 72-82.

Inostroza, L., Baur, R., Csaplovics, E. Urban Sprawl and Fragmentation in Latin America: A Dynamic Quantification and Characterization of Spatial Patterns. *Journal of Environmental Management*, 2013, 115(30): 87-97.

Levin, N., Duke, Y. High Spatial Resolution Night-time Light Images for Demographic and Socio-economic Studies. *Remote Sensing of Environment*, 2012, 119: 1-10.

Liu, Z., He, C., Zhang, Q., et al. Extracting the Dynamics of Urban Expansion in China Using DMSP-OLS Nighttime Light Data from 1992 to 2008. *Landscape and Urban Planning*, 2012, 106(1): 62-72.

Lu, J., Guldmann, J. M. Landscape Ecology, Land-use Structure, and Population Density: Case Study of the Columbus Metropolitan Area. *Landscape and Urban Planning*, 2012, 105(1/2): 74-85.

Macauley, M. K. Estimation and Recent Behavior of Urban Population and Employment Density Gradients. *Journal of Urban Economics*, 1985, 18(2): 251-260.

Pan, X., Zhao, Q., Chen, J., et al. Analyzing the Variation of Building Density Using High Spatial Resolution

Satellite Images: The Example of Shanghai City. *Sensors*, 2008, 8(4): 2541-2550.

Peng, H., Lu, H. Study on the Impacts of Urban Density on the Travel Demand Using GIS Spatial Analysis. *Journal of Transportation Systems Engineering and Information Technology*, 2007, 7(4): 90-95.

Salomons, E. M., Pont, M. B. Urban Traffic Noise and the Relation to Urban Density, Form, and Traffic Elasticity. *Landscape and Urban Planning*, 2010, 108(1): 2-16.

Schneider, A., Woodcock, C. Compact, Dispersed, Fragmented, Extensive? A Comparison of Urban Growth in Twenty-five Global Cities Using Remotely Sensed Data, Pattern Metrics and Census Information. *Urban Studies*, 2008, 45(3): 659-692.

Schwarz, N. Urban Form Revisited – Selecting Indicators for Characterising European Cities. *Landscape and Urban Planning*, 2010, 96(1): 29-47.

Shi, Y., Sun, X., Zhu, X., et al. Characterizing Growth Types and Analyzing Growth Density Distribution in Response to Urban Growth Patterns in Peri-urban Areas of Lianyungang City. *Landscape and Urban Planning*, 2012, 105(4): 425-433.

Sutton, P., Roberts, D., Elvidge, C., et al. Census from Heaven: An Estimate of the Global Human Population Using Night-time Satellite Imagery. *International Journal of Remote Sensing*, 2001, 22(16): 3061-3076.

Tian, G., Qiao, Z., Zhang, Y. The Investigation of Relationship Between Rural Settlement Density, Size, Spatial Distribution and Its Geophysical Parameters of China Using Landsat TM Images. *Ecological Modelling*, 2012, 231: 25-36.

Tian, Y., Yue, T., Zhu, L., et al. Modeling Population Density Using Land Cover Data. *Ecological Modelling*, 2005, 189(1/2): 72-88.

Yeh, A. G. O., Li, X. Measurement and Monitoring of Urban Sprawl in a Rapidly Growing Region Using Entropy. *Photogrammetric Engineering and Remote Sensing*, 2001, 67(1): 83-90.

Yu, B., Liu, H., Wu, J., et al. Automated Derivation of Urban Building Density Information Using Airborne LiDAR Data and Object-based Method. *Landscape and Urban Planning*, 2010, 98(3/4): 210-219.

方创琳、祁巍锋、宋吉涛："中国城市群紧凑度的综合测度分析"，《地理学报》，2008 年第 10 期。

韩向娣、周艺、王世新等："夜间灯光遥感数据的 GDP 空间化处理方法"，《地球信息科学学报》，2012a 年第 1 期。

韩向娣、周艺、王世新等："基于夜间灯光和土地利用数据的 GDP 空间化"，《遥感技术与应用》，2012b 年第 3 期。

蒋芳、刘盛和、袁弘："北京城市蔓延的测度与分析"，《地理学报》，2007 年第 6 期。

黎夏："珠江三角洲发展走廊 1988～1997 年土地利用变化特征的空间分析"，《自然资源学报》，2004 年第 3 期。

林炳耀："城市空间形态的计量方法及其评价"，《城市规划汇刊》，1998 年第 3 期。

刘卫东、谭韧膘："杭州城市蔓延评估体系及其治理对策田"，《地理学报》，2009 年第 4 期。

朱述龙、张占睦：《遥感图像获取与分析》，科学出版社，2002 年。

卓莉、陈晋、史培军等："基于夜间灯光数据的中国人口密度模拟"，《地理学报》，2005 年第 6 期。

第四章　城镇群地区国土开发适宜性评价

　　随着城市经济活动规模的增长，其对建设用地的需求也不断增长。而为了满足地区非农业经济活动的用地需求以及受到土地用途转变带来的高额预算外财政收入刺激，许多地区地方政府在经济目标驱使下，争先恐后将土地转让作为刺激地方经济发展的"良药"加以使用。但是，农业用地作为国家粮食安全的重要保障用地，其在规模与空间转换上受到严格的国家政策和法规约束。同时，耕地、林地、水塘等用途用地还承担着重要的生态调节功能。因此，根据地区发展总体定位，依托地区资源环境承载力，在满足国家粮食和地区生态安全的前提下，以提高单位土地利用率，促进国土开发的集约、高效为目标，对地区合理的开发建设用地规模及空间布局进行评价和规划是许多国土空间规划和区域与城市规划的重要工作内容之一，而其评价技术与分析方法也是该领域重要的科学问题之一。通过对土地开发的适宜性进行评价，确定研究区域建设用地的最大供给量及分布状况，指导土地利用规划用地结构调整，确定土地的最适宜用途，为科学调整用地结构提供科学依据，对于珍惜与合理利用土地、解决建设用地增加与耕地减少、生态平衡等矛盾具有重要作用。本章主要探讨国土开发适宜性评价的理论基础，并以宁波象山港区域为例，具体阐述了国土开发适宜性评价的操作过程，以京津冀城镇群为例开发了适宜性评价系统并对软件系统进行了介绍。

第一节　国土开发适宜性评价的理论基础

一、概念的提出与内涵

1. 土地适宜性评价

　　国土开发适宜性评价主要源于土地适宜性评价。土地适宜性最早始于《周礼·地官司徒·大司徒》提出的"以土宜之法，辨十有二之名物……以毓草木，以任土事"，即不同形式、地区的土地，其光、热、水、气条件和营养元素含量不同，因此适宜于不同植物（农作物、牧草、树木）和动物的生长与繁殖，从而表现为土地的适宜性（喻忠磊等，2015）。这种适宜性实际上是土地的自然适宜性。

土地适宜性评价最早主要集中在农用地的适宜性评价，其主要以土地利用潜力为基础。20世纪30年代，美国提出了土地利用潜力分类，以土地分类为基础，按土壤、坡度、侵蚀类型和侵蚀程度划分了八个土地利用潜力级，目的是为水土保持服务。1961年，美国农业部土壤保持局正式颁布了土地潜力分类系统，它是世界上第一个较为全面的土地评价系统。该系统以农业生产为目的，主要从土壤的特征出发来进行土地潜力评价，分为潜力级、潜力亚级和潜力单位三级评价体系。该系统客观地反映了各级土地条件对土地利用方式的限制程度，揭示了土地潜在生产力的逐级变化，便于进行土地单元之间的等级比较，适于任何自然环境和任何农作技术水平的土地潜力分类。它强调不合理的土地利用可能对环境产生的后果，需要结合土地利用进行土地保护。1963年，继美国之后，参照美国的系统与方法，加拿大、英国等也进行了土地潜力分类，识别土地的开发适宜性与限制因素（江浏光艳，2009）。

20世纪60年代，伊恩·麦克哈格（Ian McHarg）就在其《设计结合自然》中提出："地球上的任何一块土地都是自然过程的综合，而每个过程都有其社会价值，因此应该合理利用土地来增强其社会价值。"1976年，联合国粮农组织（FAO）以之为基础制定并颁布了《土地评价纲要》，提出了土地评价为土地利用规划服务的目的。土地评价从一般目的的土地评价转向特殊目的的土地评价，评价结果不仅揭示了土地的生产潜力，更重要的是针对某种土地利用方式来进行，并进行经济分析和效益比较，反映了土地的最佳利用方式、适宜性程度及改良利用的可能性（邓轶，2008）。该评价系统突破了土地潜力评价的限制，是针对特定土地利用方式对土地的适宜性和适宜程度做出评定的土地评价方案。这一系统的发布，大大促进了国际上土地适宜性评价的研究，在世界各地广泛应用。

中国从20世纪50年代至60年代，高度重视为振兴农业而开展的土地评价。随着国外评价方法和系统的引入，形成了两个全国性的土地评价系统。一个是全国第二次土壤普查所采用的土地评价系统，根据土地的适宜性和限制性，将全国的土地分为8级，从1级到8级，土地的适宜性逐渐降低，而限制性逐渐增强；另一个是中科院自然资源综合考察委员会为编制《中国1∶100万土地资源图》而拟定的土地资源分类系统（李孝芳，1981）。该体系参照联合国粮农组织的《土地评价纲要》并结合我国实际，将全国土地资源进行了土地潜力区、土地适宜类、土地质量等、土地限制型和土地资源单位五个不同等级的空间单元划分：土地潜力区以水热条件为依据重点反映土地生产潜力的区域差异，由于中国的自然气候具有很强的流域和区域性，因此，土地潜力区也主要按照大的地理单元来进行划分；土地适宜类是在土地潜力区内依据土地对农林牧业生产的适宜性来划分，全国共划分出宜农、宜林、宜牧、宜农林、宜农牧、宜林牧、宜农林牧和不宜农林牧八个土地适宜类；土地质量等是在土地适宜类之内按照土地对农林牧业的适宜程度及生产潜力的高低分为三个等级，反映土地对农业生产的支撑能力差异；土地限制型是在土地质量等内，按其限制因素及其强度划分为无限制、土壤质地限制、水文与排水条件限制、土壤盐碱化限制、有效土层厚度限制、基岩裸露限制、地形坡度限制、土壤侵蚀限制、水分限制和温度限制；土地资源单位则是土地资源分类系统的基层单位，也是制图单位和评价对象，是土地类型与土地利用类型的结合（石玉林，1982）。这项研究系统全面地总结了 1949 年以来我国土地评价的研究成果，从地理区划、适宜类型、土地质量和限制因素等不同层面对全国的土地资源进行了系统的评价，为国家和地方制定土地利用规划提供了重要依据，也有力地推动了我国土地评价理论的深化和方法的发展。之后，随着中国工业化和城镇化进程的加快，对空间的开发程度和合理利用需求增强，土地适宜性评价也逐步扩展到了城市建设用地、生态用地、旅游用地等多种类型用地或开发目标导向的适宜性评价（江浏光艳，2009；凌云川，2007）。

2. 国土空间开发适宜性评价的概念

中国地理环境空间差异较大，国土空间和资源分布极不均衡，不同地块单元的适宜开发程度不同。在过去三十多年间，快速的工业化和城镇化进程在剧烈改变我国国土开发空间的同时，也由于其粗放的增长模式导致了城市建设空间快速扩张、自然生态空间持续萎缩、农业生产格局发生明显重构等结果，并造成部分地区土地严重超载、农业和生态用地不断挤压后功能降低或丧失、多种用途土地斑块破碎且功能混乱等空间开发失控与区域无序竞争问题，迫切需要优化国土空间开发格局，合理布局人类建设空间。国土空间开发适宜性综合评价是进行国土空间功能划分和格局优化的重要基础。

国土空间开发适宜性评价根据国土空间的自然和社会经济属性，研究国土空间对预定用途的适宜与否、适宜程度以及限制状况。但根据开发用途又可以分为广义和狭义两种。广义的国土空间开发适宜性评价将农业、工业/城镇、生态等用途都视为国土开发的目的，因此需要在充分考虑地区自然生态与环境基础、资源条件与利用潜力、经济效益与开发需求等基础上，遵循区域相似性、差异性和等级性原则，根据适宜开发程度对国土进行类型和空间划分，让开发成本低、资源环境容量大的地区承担高强度的工业化和城镇化活动，让生态保护价值高的区域主要承担农业及生态开敞等功能，由此实现国土空间的合理布局（陈雯等，2007）。而狭义的国土空间开发适宜性评价则把国土开发定向为工业化和城镇化开发活动。如唐常春、孙威（2012）认为，国土空间开发适宜性是指一定地域范围的国土空间承载工业化和城镇化的适宜程度。

尽管广义和狭义的国土空间开发适宜性评价在开发用途上的界定内容不同，但不可否认，国土空间开发适宜性评价必须要综合考虑区域生态环境状况与资源条件（资源环境承载力）、发展基础与潜力来判定开发适宜性。因此，喻忠磊等（2015）认为，国土空间开发适宜性是由一定地域空间的资源环境承载力、经济发展基础与潜力所决定的。

3. 国土空间开发适宜性的内涵

在国土空间开发适宜性评价之外，还有建设用地适宜性评价、建设用地生态适宜性评价、生态适宜性评价等诸多名词和概念。通过辨析国土空间开发适宜性评价与这些概念之间的区别，有助于理解国土空间开发适宜性的内涵。

建设用地适宜性评价，根据 2009 年住房和城乡建设部颁布的《城乡用地评定标准》（CJJ132—2009），其评定是为了满足城乡发展的要求，对可能作为城乡发展用地的自然环境条件及其工程技术上的可能性与经济性，进行综合质量评定，以确定用地的建设适宜程度，为合理选择城乡发展用地提供依据（李坤、岳建伟，2015）。由此可见，建设用地适宜性评价是以地块是否适宜开发为城市（城镇）工业、居住和交通等非农业活动用途的适宜程度评价，是一定技术条件下一定范围内的土地资源作为建设用地进行利用的适宜程度，强调土地单元的属性特征对其是否适宜转化为建设用地的影响。因此，相较于农用地适宜性评价，建设用地适宜性评价重点关注地块的区位状况、社会经济基础和开发潜力等社会经济要素，尤其是注重地块单元距城市经济中心和重要人口产业集聚点的距离与可达性指标。只要用地适宜于非农业开发建设，就可以作为潜在的建设用地，只不过其根据现有的利用状况和区位特征而在适宜开发程度和时序上有所差异。由此可见，建设用地适宜性评价基本与狭义的国土空间开发适宜性评价内容相接近，是一种以"开发建设"为导向的用地适宜性评价。

随着可持续发展理念的提出，建设用地开发规模及其空间布局要与地区生态环境系统相协调，一些对于地区生态环境系统稳定性和功能维持的地块予以生态保护，由此又涌现出"土地生态适宜性评价"或"建设用地生态适宜性评价"等概念，即将生态规划的思想运用到土地适宜性评价中，从生态保护和土地可持续利用的角度对土地利用方式的适宜度进行定量分析。该评价通过确定城市区域内适宜于城市开发用地的面积和范围以及适宜于生态用地的面积和范围，并针对适宜程度的大小进行等级划分，目的在于最大限度地减少城市发展对生态环境造成的影响。其评价因子的选择主要以区域的生态环境要素为主，除坡度、土壤、河流、湖泊和水库、土地利用现状、地形、地貌、断层等自然本底要素外，还要关注自然保护区、风景区、水土流失、植被多样性、景观价值等生态功能或敏感性因子。因此，与国土空间开发适宜性评价相比，该类评价是属于"保护类"的土地适宜性评价（梁涛等，2007；王玉国等，2012；杨少俊等，2009；张浩、赵智杰，2011；喻忠磊等，2016）。

国土空间开发适宜性评价的目标是促进人类活动在空间上的合理组织，其中既要有开发类的用地，也要有保护类的用地。因此，其评价要以国土资源环境承载力为基础，以"人口资源环境相均衡、经济社会生态效益相统一"为原则，优化国土空间开发格局和建设空间布局，构建高效有序的国土空间利用格局，促进可持续发展（樊杰等，2013）。其内涵应包括三个方面的内容：①注重国土的开发效率，即地域开发需符合空间经济规律，形成高效、有序的经济空间组织形态与空间结构，并且注重集约利用现有基础设施和土地资源；②维护国土的生态安全，开发活动和规模要以区域资源环境承载力为基础，同时注重生态系统的整体性和稳定性，维护地表生态系统服务功能，构建区域生态安全格局；③注重国土开发的战略性和长效性，即评价要以维护国土开发的长期合理发展为终极目标，既要在战略层面注重社会经济发展趋势与国土空间开发规模的协调性，对国土开发战略和格局有准确把握，也不可忽视生态系统安全对于区域可持续发展的代际需求延续性，在战术层面保证适宜性评价结果的客观和稳定性，特别是正确判断和准确把握可能打破空间均衡的因素和机制（喻忠磊等，2015；樊杰，2007）。

二、评价方法

1. 评价指标选取

在适宜性评价过程中，指标的选取是评价的关键。评价指标的选取取决于评价的目的，不仅要考虑区域的自然基础，还要考虑地区开发的社会经济发展条件和生态环境因素；此外，还要根据所在地区的特殊性，适当增减相关指标。总体而言，指标选取应该遵循针对性原则、主导性原则、差异性原则和数据的可获取性原则。主要考虑的指标有以下三类：

（1）自然本底指标

影响一个地区地块是否适宜开发建设的普适性指标主要取决于地块的自然环境条件，如地形地貌、工程地质、资源禀赋和土地利用等指标，具体有坡度、高程、光热条件、地下水位、水资源量、地质灾害（地震、冲沟、塌方、滑坡、泥石流等）、断层分布等指标。

（2）开发类指标

主要是一些反映社会经济开发潜力的指标，如人口集聚度、GDP、工业集聚度、城市化率等指标；此外，还包括社会经济开发基础设施的指标，主要有交通优势度、可达性、能源可达性指标。

（3）限制类指标或生态类指标

主要为一些限制和约束地块用于工业与城镇化开发活动的指标。如根据我国的《基本农田保护条例》，基本农田原则上禁止占用，且党的十七届三中全会提出了要划定永久基本农田，实行基本农田永久保护。因此，永久基本农田一般都被列为生态类的强限制因子。此外，一些水源地、蓄洪防洪设施、水生态湿地、自然保护区，以及一些特殊用地，如涉外、宗教、墓地等其他有特殊用途的用地等，都被列入限制类因子。在部分以生态保护为主导的适宜性评价中，生态因子还可以考虑水土保持、水源涵养、防风固沙等生态重要性因子以及土壤侵蚀、沙漠化等生态敏感性因子来刻画（郑文武等，2010）。

此外，根据所在地区的差异，评价指标体系也可以进行调整。如对于山区城镇，适宜性评价的指标就可以将陡坡、重要矿产压覆、地质灾害等自然约束因子纳入并作为"一票否决"式的刚性因子。

2. 评价方法

将不同的评价因子通过一定的数学或空间运算方法进行综合，就可以获得最终的开发适宜性程度。综合的方法主要有两种：

（1）要素叠加分析法

叠加分析法，最初又称为"千层饼"法，是由麦克哈格建立起来的，因此也被称为麦克哈格法。从 20 世纪 60 年代开始这种方法被广泛应用于高速公路选线、土地利用、森林开发、流域开发、城市与区域发展规划中，是一种形象直观，运算公式简单，可以将社会、自然环境等不同量纲的因素进行多次叠加的土地适宜性评价方法。由于该方法能方便地通过计算机 GIS 中的地图代数、空间分析、栅格重分类等功能实现，因此成为目前应用范围最广的城市土地适宜性评价方法。哈佛实验室计算机辅助叠加制图技术的发展对于提高土地适宜性评价起到了至关重要的作用。哈佛实验室开发的 SYMAP 和 GRID 系统包含了一系列可进行土地适宜性分析的模块（何英彬等，2009）。

随着计算机技术水平的提高，GIS 与多指标决策方法的整合拓宽了传统地图叠加法在土地适宜性评价中的领域。将不同的指标通过一定的权重进行加总后进行评价，该方法相对简单，但由于具体操作中权重的设置会影响最终评价的结果，因此，对于权重的设置又有如专家判断法、层次分析法、主成分分析法等线性加权综合法，互斥矩阵法，以及物元模型、突变级数法、结构方程、BP 神经网络等人工智能方法（史同广等，2007）。但是，一些学者认为传统的简单叠加分析法忽视了不同因素之间的差异；线性加权综合法则忽视了指标性质的差异，将强制性指标和非强制性指标拟合后会缩小强制性指标对适宜性的限制作用；互斥矩阵法则往往以线性综合方法为基础，也存在同样的不足；遗传算法等人工智能方法虽然可以避免适宜性评价较强的主观性并提高其效率，但其结果过于依赖指标值的数学分布规律，在评价中难以充分利用既有适宜性知识，并且计算程序相对复杂，在土地资源管理实践中可应用性并不强（喻忠磊等，2016）。于是学者们设计出了限制—潜力模型、限制—一般分析法、极限条件法、情景分析法、移动窗口法、不确定性法等多种修正和调整要素叠加结果的方法（宗跃光等，2007；周建飞等，2007；何丹等，2011；尹海伟等，2013；李坤、岳建伟，2015；杨子生，2016）。

（2）逻辑规则组合法

为了解决"千层饼"法各评价指标权重确定的困难，一些学者演化出了逻辑规则组合法，该方法针对分析因子存在的复杂关系，运用因子逻辑规则建立适宜性分析准则，并以此为基础判别地块的适宜性，不需通过确定各因子的权重就可以直接进行适宜性分区（杨少俊等，2009）。该种方法也是我国主体功能区划思想的核心。因为"主体功能"将开发类和保护类复合在一起，开发程度的高值区和保护程度的高值区就应当分别是开发主导型和保护主导型的区域。因此，在具体区划中，标识开发程度的指标就可以成为开发主导型区域划分的主导指标；相同的，标识保护程度的指标就可以成为保护主导型区域划分的主导指标。但对于中间类型的判断，则要结合其他指标，如区域在国家矿产资源、农业生产中的地位，通过其开发类指标和保护类指标的逻辑关系判断来确定其功能类型定位（樊杰，2007）。在具体的地区土地适宜性评价中，陈雯等（2004）也通过对土地的生态价值和社会经济价值需求的组合来判断土地合理的利用程度和开发用途。逻辑规则组合法是一种无须经过大量计算，仅靠定性判断就可实现适宜性评价的方法，但其难点和关键在于逻辑规则的制订，要保证其科学性以及完整性，能够对区域不同导向评价因子的组合全面覆盖（杨少俊等，2009）。因此，一些学者后期将多因素叠加分析法和逻辑判断法相结合进行地块适宜类型的判断（陈诚、陈雯，2008；金志丰等，2008；韩书成、濮励杰，2010）。

三、国土开发适宜性评价的应用

1. 城市增长边界的划定

改革开放以来中国快速的城镇化进程在取得举世瞩目的成就的同时，也产生了一系列资源环境问题，如城市空间无序增长、生态破坏、环境污染等。尤其是 2000 年以来，在"土地财政"的驱动下，许多城市热衷于通过城市经营、新城开发来改善城市形象并提高城市经济收益，由此导致许多城市存在"土地城镇化"快于"人口城镇化"的问题。如 2005～2010 年，京津冀地区北京建设用地增长 14.9%，其中 86%为住宅用地增长，而常住城镇人口增速仅为 2.9%；天津建设用地增长更为显著，达到 16.2%，其中 68%为住宅用地增长，常住人口增速也仅为 6.0%。总体上，城镇化率每增长 1%，京津建设用地面积分别增长 2.7%和 5.3%。珠三角地区 1980～1990 年城镇建设用地增长超过 20%，而人均规模增长不足 2%。快速增长的建设用地需求导致城市边界不断扩张，侵占耕地、林地和湿地等生态保护空间，生态用地破碎化加剧，生态服务功能减退，生态安全格局受到威胁。因此，必须合理划定城市增长边界。

城市增长边界（urban growth boundary，UGB），作为地方政府限制城市无序蔓延、促进土地高效利用的规划工具，在美国西海岸大都市区得到了应用。比较突出的是波特兰市，其自 1975 年划定城市增长边界以来，人口增加了 50%，但新增建设用地仅增长 2%。传统的城市增长边界划定方法是根据规划期内城市建设用地的预测或城市人口规模预测来进行的，依据未来发展的不确定性和弹性理论，在规划期内的建设用地规模上上浮 20% 得出。但这种方法很具有主观性，没有考虑到城市人口和经济增长速度以及政策调控的作用，按该方法计算出的城市边界很容易被打破或贸然做大。因此，有学者运用国土开发适宜性评价的方法，在对城市范围内的土地适宜性进行定量评价和等级划分的基础上确定不同时期的城市增长边界，并且将城市增长边界分为刚性边界与弹性边界。其中，刚性边界为城市增长不可跨越的红线区域，多采用生态约束视角下的评价结果；而弹性边界则是根据城市增长确定不同时期的适宜发展边界，多采用发展视角下的评价结果（祝仲文等，2009；王玉国等，2012）。

2. "三生"空间的确定

中国快速的工业化和城镇化导致城乡建设用地不断扩张，其在不断挤压农业和生态用地空间的同时，在不同空间尺度都存在人和自然之间、生产和生活活动之间、自然生态系统内部关系不尽协调的矛盾（樊杰，2007）。如受开发时序、产权和规划等多因素影响，还存在生产与生活空间犬牙交错、生产空间破坏生态廊道等问题。2013 年 11 月，中共十八届三中全会通过《中共中央关于全面深化改革若干重大问题的决定》，进一步提出建立空间规划体系，划定生产、生活、生态空间开发管制界限，落实用途管制以及划定生态保护红线，建立国土开发空间开发保护制度。2017 年 1 月，中办、国办印发的《省级空间规划试点方案》以主体功能区规划为基础，科学划定城镇、农业、生态空间及生态保护红线、永久基本农田、城镇开发边界。2017 年 1 月，国务院印发的《全国国土规划纲要（2016～2030）》要求，坚持国土开发与资源环境承载能力相匹配、与人口资源环境相均衡，根据资源禀赋、生态条件和环境容量，明晰国土开发的限制性和适宜性，划定城镇、农业、生态三类空间开发管制界限，科学确定国土开发利用的规模、结构、布局和时序（黄金川等，2017）。因此，合理划分"三生"空间是促进国土空间优化的重要手段。

目前对于"三生"空间的划分，有量化识别和功能识别两类。其中，量化识别就是运用国土开发适宜性评价方法，通过在指标层对研究区的每一个评价单元构建评价体系并对研究区统一计算，实现生产、生活与生态功能的量化识别（吴艳娟等，2016）；功能识别则是根据不同用地的功能进行识别。无论何种方法，都是根据不同地块的适宜开发类型和开发程度来决定其应该划归到哪类空间，进而最终确定不同空间的边界和范围。

第二节　评价方法在宁波象山港区域的应用示范

一、宁波象山港区域概况与评价的出发点

1. 区域概况

宁波象山港区域位于宁波市东南部穿山半岛和象山半岛之间的沿海区域，涉及北仑、鄞州、奉化、宁海和象山五个县（市）区沿海的 24 个乡镇（街道），陆域面积 1 598.3 平方千米，约占宁波全市面积的 19%，海域面积 391.8 平方千米，滩涂面积 171.5 平方千米。2010 年常住人口 80.5 万人，约占宁波全市常住人口的 10.58%。该区域自然环境良好，生态与旅游资源优良丰富。区内生态类型繁多，是各种有经济价值的水产资源集中分布区，也是浙江乃至全国海水增养殖的重要基地。此外，港内水质清澈，岛屿、植被、陆山、渔村、现代港口、工业园景观丰富，具有特别的旅游开发价值，是长三角南翼地区发展生态旅游的主要地区。但同时，由于象山港海湾是东北向西南深入内陆的狭长形港湾，港域狭长，岸线曲折，水体交换能力较弱，因此，生态环境相对脆弱。

2. 国土利用现状特征与问题

首先，该地区土地利用主要以林地等农用地为主，建设用地比例较低。象山港区域是典型的浙东沿海丘陵地带，区内地形以山地为主，平地部分较少。2008 年，象山港区域陆域国土的 73.9% 为农用地，建设用地面积 190.25 平方千米，仅占区域国土总面积的

10%左右。而农用地中又以林地为主，占农用地总量的 60.8%，耕地只占 20.1%。

其次，由于长期处于宁波市的经济边缘，象山港区域的建设用地经济密度较低。象山港区域与宁波市区之间有丘陵阻隔，交通条件较差，且长期以来，象山港区域由于其资源与环境优势，一直被定位宁波市的"生态养护区、水源涵养区"，并实施了产业准入政策和环境容量总量控制政策。因此，相对于以注重发展石化、电子电器、设备制造以及纺织业为主的宁波市而言，该地区在发展区域主导产业、接收市区产业辐射和带动方面存在较大的政策约束，由此导致象山港区域生产力水平和开发强度低于宁波市平均水平。2010 年，象山港区域的人口密度仅为宁波市全市平均水平的 60%，工业密度还不及 30%。

再次，象山港区域的建设用地主要集中在山前沿海地带的乡镇所在地，并以居住用途为主。由于该地区经济主要以乡镇工业为主，农村人口比重较大，居住相对分散，导致农村居民点用地比重较大，城镇、工矿用地比例很低。2008 年，象山港区域的建设用地中，约 15.6%的用地为建制镇用地，35.75%为农村居民点用地，独立工矿用地仅占 19.18%。

最后，由于缺乏统一规划，象山港区域建设用地开发规划混乱。随着宁波市经济的发展，面临着城市用地空间的拓展需求，以及长期以来象山港区域经济发展缓慢，需要借助新城、工业园区建设拉动地方经济发展的需求，均需要在象山港地区增加建设用地空间。但由于缺乏统一规划以及国家对基本农田的保护，导致区域内各级政府纷纷围海造地。2003～2011 年，通过各种滨海新城的建设，象山港区域围海造地 35 平方千米，占已有滩涂的 20%以上。

3. 建设用地适宜性评价的出发点

由于象山港为一狭长形的半封闭式港湾，从港顶到港底，海水自净周期依次增长，生态环境脆弱性也不断增强。象山港海域虽然富营养化严重，氮、磷排放量较高，但其依然是长三角南翼地区水质最为优良的港湾。为了保护这一湾清水，为宁波市乃至长三角地区居民提供休闲度假的生态空间，浙江省以及宁波市制定并出台了各类保护条例、规划等对其进行保护，提出了该地区的环境容量控制措施。但是，对于海域环境质量的控制，必须要与陆地的开发强度及开发方式相结合。因此，象山港区域适宜开发建设用地评价也必须以整体保护为导向，必须在遵循区域生态环境属性基础上，在区域宏观功能定位指引下，统筹规划区域保护与开发的空间布局与空间组织，协调产业开发、生态养护、自然维持等功能空间的布局，协调陆域、岸线与海域的功能开发，实现陆海统筹的可持续发展。但是，单纯的保护，以堵为主的方式是不可能实现地区可持续发展的目标。在政绩考核机制没有发生大的变化的前提下，每个地区政府都有提高本地区经济发展速度与质量的诉求，地方百姓也有通过发展获利周期较短、利润较大的产业来提高自身收入的诉求，而且，象山港区域发展涉及面广，山、海、岛、陆各种自然要素交错分布，不同地点的自然环境和社会基础不同，其在规划区域空间内承担的功能也不同。因此，该地区的用地开发必须在实行整体保护的同时，因地制宜，根据不同地点的国土开发适宜性，在保证区域大面积国土承担保护功能的同时，选取最适宜开发的地区，对城镇和产业的空间布局予以合理规划。通过重点开发点与保护面的点面结合，分级分类确定保护与开发方案，分别指导，促进区域整体目标的实现。

二、适宜性评价方法与数据

1. 评价方法

首先，对象山港区域的国土开发适宜性进行评价。选取自然生态和社会经济等多项因素建立象山港区域国土开发适宜性评价指标体系，在对单要素进行评价的基础上，根据地区发展导向确定不同要素的权重，将各个单要素评价结果综合。分析流程如图 4-1 所示。

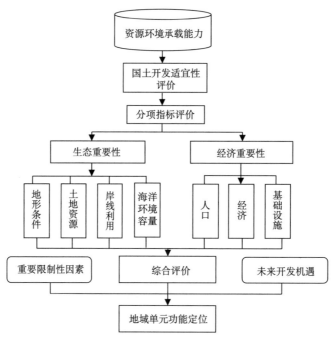

图 4-1　适宜性评价流程

2. 评价基本单元与数据需求

适宜性评价的基本单元包括行政单元、类型单元、格网单元和地块四种类型：行政单元为乡镇，主要用于统计数据处理和图形数据归并分析；类型单元是指诸如土地利用等专题类型区的类型图斑；格网单元是指利用数字地形高程图生成地形坡度分级图，运用交通网络生产交通通达性图时所设定的栅格单元，本次评价中所采用的格网单元尺度是 1 米×1 米；地块是指由各层地图叠加计算后形成的同类型图斑。地块是评价数据提取、类型划分等重要的评价单元。

评价所需要的数据有 1∶1 万的基础地理信息数据、DEM（数字高程数据）、土地利用数据、地区人口和产业数据以及环境容量数据。

3. 评价指标体系与权重设置

本次开发用地适宜性评价的出发点是整体保护、重点开发。经过多次筛选、系统综合并形成由指标项、指标类、指标组成的三级评价指标体系，确定各个指标的等级划分标准。一般而言，建设用地适宜性评价指标主要选取地形、地貌、生态自然保护区等自然因素，以及地区经济发展水平、人口密度等社会经济因素。此外，还可根据评价目标的不同，增加或削减不同的指标。如对耕地或农用地适宜性要考虑耕地面积、粮食单产、土壤质量、水网密度等因素；但对经济开发所需的建设用地评价，则要考虑现有基础、人口密度、交通可达性等因素。对于象山港区域而言，由于该地区的总体发展方向是以保护为主，因此，在指标的选取上，不仅考虑了区域的生态本底因素，如坡度、土地利用类型以及区域自然保护区的位置等。此外，鉴于该地区是一个海湾区域，因此还重点考虑了海域环境功能因素与岸线功能因素。在进行权重设置时，以符合地区发展导向为原则，突出考虑生态保护要素在综合评价中的地位，给该类指标赋予较高的权重。具体每个指标的权重是基于层次分析法和专家经验打分相结合的方式确定（表 4–1）。

表 4–1　象山港区域开发适宜性评价指标及权重分配

指标项	权重	具体指标	权重
生态保护类	0.674	坡度	0.132
		土地利用现状	0.192
		岸线功能	0.192
		近海海域环境容量	0.158
经济开发类	0.326	人口规模	0.045
		人口集聚力	0.061
		经济发展水平	0.108
		交通优势度	0.112

4. 数据测算方法

为消除数据量纲的影响，首先对每个指标的数据进行标准化处理；而后对这些指标进行权重加总，获得该地区国土开发适宜性评价得分，并以此进行分等定级。具体计算公式为：

设地块 i 的开发适宜性评价得分函数为 $F(x)$，则：

$$F(x) = \sum(w_e \times e_i) \qquad \text{式 4-1}$$

式中：w_e 是各级指标的权重；e_i 是各指标的数值。

三、评价结果分析

1. 开发适宜性评价结果

利用 ArcGIS 9.0 软件对各种图形数据进行数字化和误差校正后，建立空间数据库，并运用空间分析模块、缓冲扩散模块和空间分割模块对基础数据进行处理，分别对象山港区域的自然本底和社会经济基础条件进行评价。其中，坡度是运用 DEM 数据，将 15°以上的地区定义为不适宜开发建设用地，15°以下为适宜开发建设用地；土地利用类型根据每个地块的用地类型，将采矿用地、城市、村庄、建制镇、码头港口用地、设施农用地、公路用地、裸地、盐碱地等归类为适宜开发用地，而将林地、园地、风景名胜及特殊用地、水面、滩涂等归为不适宜开发用地；岸线利用分级在结合区域岸线功能的基础上，以岸线作 2 千米缓冲区赋值；海洋环境容量则是根据海洋功能区划中对海水环境等级的区划，反推到陆域汇水区；人口和经济密度数据是以乡镇为单位运用统计数据计算而出；交通通达性是以各乡镇为中心点，按照铁路 100 千米/小时，高速公路 80 千米/小时，省道/国道 60 千米/小时，县道 40 千米/小时，乡道 20 千米/小时，其他道路 10 千米/小时，计算各点到最近乡镇中心的通勤时间，然后按照 5 分钟、10 分钟、15 分钟、30 分钟、大于 30 分钟分五等分别赋值而得。最后，将各单要素得分乘以其权重后获得每个地块单元的综合评价得分，从而得到象山港区域陆地国土开发适宜性评价结果。根据指标体系中的分级标准以及对典型区域的实地调研，该区域按开发适宜性大小进行了类型分区。

通过分析发现，根据适宜性评价结果，象山港区域陆域国土基本上可以分为三个区：

（1）适宜发展区。该类地区主要包括城镇建设发展用地以及工业、港口、物流、重要基础设施建设用地。总面积 246.57 平方千米，占总用地的 15.43%。该类地区的自然特征是地形平坦，坡度在15°以下；土地利用基本以现有城镇建设发展用地，工业、港口、物流、重要基础设施建设用地，以及未利用土地、滩涂或者其他用地；近海区域的岸线功能基本以港口工业和生活岸线为主，近海区域环境容量相对较高，资源环境承载力相对较好，生态敏感度低。在社会经济基础条件方面，该类地区区位条件优越，靠近区内主要交通干线或者城镇，共享基础设施条件便利，开发成本相对较低。

（2）生态开发区。该类地区主要包括旅游度假区、部分农村居住区、耕地和发展备用地。生态开发区面积 384.58 平方千米，占该区域国土总面积的 24.06%。该类地区地形条件相对平缓，距离城镇或农村居住点、交通道路较近，但是临近水域或山体，对其进行开发建设将对象山港区域的整体生态环境有一定影响，只适宜布局对生态环境影响较小的开发活动，如耕作、生态旅游等。但必须严格控制开发方式与开发规模，对建设项目仔细评估，尽量减少对自然生态环境的影响。

（3）生态保护区。该类地区主要包括具有特定环境保护用地和山体、湿地、海岛等。环境保护用地包括水源保护区、国家文物保护区和风景名胜区等，生态保护区总面积 967.15 平方千米，占该区域国土总面积的 60.51%。该类区域包括区域内的山体、林地、草地、湿地和岛屿，生态状况良好，属重要的水源涵养地、林地、动植物栖息地以及饮用水二级以上的保护区范围，是维系陆域与海域生态平衡的不可替代的因子。

2. 适宜开发建设用地的选择

在开发适宜性评价的基础上，以适度发展区空间斑块为基础，扣除其中的不适宜建设用地（坡度在 15° 以上的用地、水面、重要生态用地），便可获得区域的适宜开发建设用地。在此基础上，扣除已有建设用地以及面积在 3 平方千米以下的零星用地，便可获得该地区未来的建设用地。

研究发现，未来象山港区域可供开发建设的潜在开发用地非常有限。在 3 平方千米以上的规模潜力用地仅 78.77 平方千米。而且除宁海县城以外，大多数未来适宜建设用地分布在沿海滩涂地带，这也是导致该地区不断围海造田的主要原因。

四、结论与讨论

在该评价中，为了确定区域的适宜建设用地，将区域的自然本底要素、海域环境规划、岸线功能等要素与社会经济要素一起同时纳入评价体系，并且根据区域发展总体定位确定不同要素指标的权重，对其开发适宜行进行评价。这一方面避免了市场条件下单纯从开发角度评价地块开发适宜性，而忽视了地块单元的生态和社会效益的缺陷；另一方面，鉴于该地区特殊的海湾区域的地理特征，在指标体系中考虑了近海岸线利用功能和海域环境容量指标，使评价结果考虑了陆海发展统筹问题。但是，此方法在实际应用中仍有一些问题需要注意：首先，数据资料的获取是本方法应用的制约因素，一些重要的评价因子数据在一定程度上将影响评价结果的科学性；其次是评价指标的选取和权重的设计，对于同一区域选取不同评价指标和权重进行适宜性评价，评价的结果都可能不同，而影响和决定指标选取的关键因素是该地区的发展导向。因此，在具体的案例操作中，还可以设置不同情景模式下的适宜建设用地评价方案。本节仅是对以保护为主导，保护与开发并重下的海湾型区域的适宜建设用地评价方法进行了探讨。

第三节　城镇群地区国土开发适宜性评价软件开发

为了简化国土空间开发适宜性评价工作，为国土、城市规划等人员提供简易的国土空间开发适宜性评价模块，本研究设计开发了"城镇群地区国土开发适宜性评价软件"（V1.0）。本节从整体上描述国土空间开发适宜性评价要实现的功能，给程序开发者一个详细的说明和设计步骤，包括总体模块、各种技术的解决方案，也给系统使用者一个总体的功能概述，使用户能够对本系统有一个全面正确的认识。

一、系统概述

1. 设计原则

本系统目的在于对研究区域每一地块单元的开发适宜程度进行综合评判，确定不同类型国土空间的布局与规模，核算合理的建设性用地数量、质量和空间分布，对于规范和指导该地区所有社会经济的空间布局具有重要的导向意义。系统设计主要遵循以下四个原则：

（1）科学性与实际操作性。评价工作必须建立在研究区域资源要素本底基础的自然规律、生态规律以及现有社会经济活动的经济规律基础上，客观地反映研究区域开发建设活动对不同要素类型与等级的需求情况。评价方法要以定量为主，兼顾定性分析；评价过程以图斑计算为主，各环节、步骤既要透明，又要物理含义明晰；评价结果需要在空间上做到精确定位，能较好地刻画不同类型区域开发建设的建设用地强度。

（2）定量评价与定性判断。不同的评价要素有着不同的技术经济特征，对国土的开发适宜性评价有着不同的影响作用。一些指标可以进行定量分级，诸如坡度、人口规模、经济发展规模等，有些指标只能进行类型分等，比如土地利用、规划战略等。本次评价采取定量评价与定性判断相结合原则，能够定量的指标采用数值等级分等法，对于类型划分的指标，则根据属性内涵特征对适宜开发的程度，赋予不同的数值等级。

（3）实用性与可操作性。国土空间开发适宜性评价是一项较为复杂的工作，系统功能必须完善，满足用户的要求，界面必须做到美观友好、方便操作，功能立足于高起点、高水准，用户端立足于低起点、低难度。

（4）经济性与可延续性。由于不同地区自然社会本底的差异性与动态性，国土空间开发适宜性评价应该在满足系统基础评价要素基础上，兼顾评价指标的差异性以及未来发展趋势，以便构成一个兼容性较强的评价系统。系统的设计应具有良好的可扩充性、升级性。

2. 设计目标

（1）强化国土开发功能，实现国土空间的精细化管理。以自然环境基础、土地利用现状、主要的生态功能以及现有的地区社会经济基础和区位特征等要素为指标，对区域国土空间单元的适宜开发程度进行评价。

（2）优化区域空间结构，促进区域协调发展。根据《全国主体功能区规划》，空间结构是城市空间、农业空间和生态空间等不同类型空间在国土空间开发中的反映，是经济结构和社会结构的空间载体。空间结构的变化在一定程度上决定着经济发展方式及资源配置效率。

（3）提升国土空间效率，保障区域整体定位的实现。空间效率是指人类为实现自身的发展目标而实施的一系列空间建构行动过程和结果所产生的空间"集约利用""经济产出""社会协调""环境承载"的程度，以及所反映的"文明程度"和"生活质量"。长期以来，我国的国土开发过程一直是促进通过"要素配置"来实现空间的发展潜力，大到如国家宏观区域发展政策与要素配置的倾斜，小到村级开发区的设置，都是通过配置生产、生活空间的布局与比例关系，来提高国土空间的产出。

3. 系统运行环境

国土空间开发适宜性评价系统 1.0 是在 ArcGIS 软件的 ArcEngine 环境下二次开发完成，系统运行调用了 ArcGIS 的空间分析模块，因而系统安装和运行需要具有安装 ArcGIS 运行环境并具有空间分析的 spatial analyst license 权限。如果用户的 ArcGIS 的软件具有 spatial analyst license 权限，就可以支持本系统的正常运行。如果用户没有相关权限，就需要向 ArcGIS 公司申请或者购买相关软件分析的服务权限。

本系统运行的软硬件环境不得低于表 4-2 所示配置，软件环境的支撑控件和辅助软件为必选项，否则系统无法正常运行。

表 4–2 系统运行环境

	设备	指标详细信息
硬件环境	CPU	2GHz 以上
	内存	512M 以上
	可用硬盘空间	8GB 以上
软件环境	操作系统	Windows XP/2003/7，支持 64 位操作系统
	支撑控件	ArcGIS desktop10.0 以上（具有空间分析许可证）
	辅助软件	Microsoft.NET Framework 4.0

二、软件总体设计

1. 系统主界面

系统的主界面分为三个部分：最上面是系统工具栏，包括菜单栏、地图操作工具等；右侧为图层信息管理区，包括图例、自然基础、经济基础、政策导向和适宜性综合评估五个选项卡模块；中间部分为地图窗口显示区，用于显示图层空间分析的操作结果，同时用户可以通过地图操作工具模块对地图显示方式进行操作。

2. 图层操作界面

单击图例选项，可以调出用于显示研究区域加载的分析图层，系统默认加载了全球的影像地图和高程地图。用户也可以结合工具栏中的相关工具对显示的地图进行基本的地图操作，操作方式与 ArcGIS 软件中的方式一致（图 4–2）。

（1）加载图层：用于加载各种分析图层，本系统支持 ArcGIS 中的栅格和矢量图层，如*.grid、*.img、*.shp 等类型。

（2）鸟瞰视图：根据透视原理，用高视点透视法从高处某一点俯视地面起伏绘制成的立体图，就是在空中俯视某一地区所看到的图像，比平面图更有真实感。

（3）拖动图像：可以对分析的当前图层进行拖拽，方便用户快速找到核心关注区域。

（4）全局视图：点击后经过拖拽或者放大缩小的层面，会自动恢复到原始图层默认显示模式。

（5）缩放图层：通过该工具可以对关注的研究区域进行放大缩小操作，以方便用户进行核心区域的聚焦。

（6）查找显示：可以通过对图层属性字段的分析，方便用户快速查询满足特定属性值的研究区域。

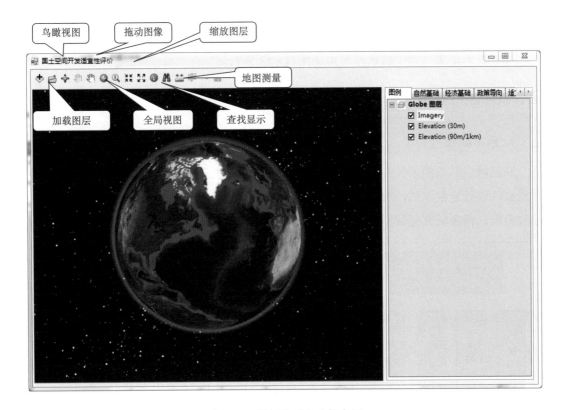

图 4–2　图例选项卡功能介绍

（7）地图测量：可以为用户提供简洁、及时的地图测量结果反馈，包括距离和多边形的面积量算。

3. 空间开发适宜性选项卡

空间开发适宜性选项卡包括自然基础、经济基础、政策导向及适宜性评价四个选项卡，每个选项卡都会显示出各自主题的评价要素内容，且四个选项卡的基本操作和功能一致。以自然基础为例，单击自然基础选项卡，系统会自动转到自然基础分析评价界面，系统自动列出自然基础评价中所需的坡度、土地利用、水资源、环境容量四个评价要素。选项卡界面提供了各评估要素的图层的导入导出、路径，要素评价值打分，要素权重设定及栅格单元大小等参数设定的入口，其他选项卡功能相同。

（1）加载图层：用于加载分析所需的栅格或者矢量图层。

（2）图层分类赋值：对于分析图层特定分析字段的属性值进行分类赋值。

（3）图层权重设定：不同图层用于叠加分析时，根据影响作用的大小设置不同的权重水平。

（4）栅格大小：用于设定最终输出栅格图层的分辨率大小。

（5）分析结果输出：设定综合叠加分析输出结果的路径与文件命名。

（6）查看结果：对于输出结果在地图显示区显示。

三、软件运行流程

1. 技术路线

从区域自然资源条件、社会经济基础以及政策导向三个侧面对区域空间开发建设用地适宜性进行定量评估，通过选取相应的代表性指标并设定相应的指标权重，进行空间叠加分析，得出研究区域不同地块的空间开发适宜性水平（图4-3）。

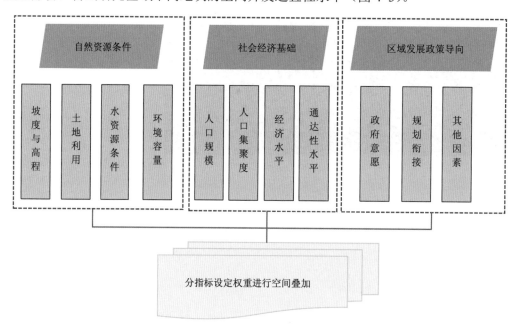

图4-3　国土空间开发适宜性评价流程

2. 软件运行步骤

本系统为用户提供了自然基础、经济基础及政策导向三个子模块，用户可以根据自己的研究需求，分别对三个模块进行单独计算和查看，然后在适宜性评价的综合评估模块进行加权计算，对区域的国土空间开发适宜性进行计算。

本系统从自然基础、经济基础、政策导向三个方面遴选了11项指标因素，用于国土空间开发适宜性水平评价。以下对系统中各项指标遴选的依据及主要评价内容进行简要说明。

（1）坡度

坡度因素是影响国土空间开发适宜性水平的重要地形因素，一般城镇的开发建设要建在地势平缓、坡度较小的地区，因而坡度因素是影响国土空间开发适宜性水平的首要自然因素。

（2）土地利用

土地利用水平其实是区域土地资源水平的综合反映，而土地资源是区域空间开发的重要自然基础保障，因而对区域土地利用的情况进行评估可对区域土地资源情况进行反映，进而对区域空间开发适宜性的资源保障水平进行评估。

（3）水资源

水资源情况是影响区域空间开发可能性与强度水平的又一重要自然因素制约，本研究选取人均水资源量代表区域水资源的丰度水平，从而反映水资源情况对研究区域社会经济发展的支撑能力。

（4）环境容量

环境容量评价的目的主要是从区域内大气、水、噪声、固废等常见环境污染源出发，来判读区域开发建设的适宜性水平。一般来讲，区域的污染水平越高，开发建设的适宜性水平越低。

（5）人口规模

人口规模是反映区域整体社会发展程度的一项重要指标。一般情况下，区域人口数量越多，说明地区社会发展水平越高，从而具有较高的空间开发适宜性水平。

（6）聚集程度

从人口流动情况反映地区社会的吸引力水平，通过地区常住人口与户籍人口的差额来反映人员的流动情况。一般来讲，地区人口流入越多，经济活力越高，越能提高地区空间开发适宜性水平的人力资源基础。

（7）经济水平

利用地均 GDP 的产出水平来反映地区的经济水平，地区的经济水平是决定区域空间开发水平的重要经济基础，因而经济水平是影响区域空间开发适宜性水平的基础性因素。

（8）通达性

以研究区域的核心城镇为中心点，计算区域内各点到这些中心点的最短通勤时间，通勤时间越短，说明该区域与核心城市联系水平较高，接受中心城市辐射能力越强，从而具有较高的空间开发适宜性水平。

（9）政府意愿

区域的空间开发同样也受到政府作用的影响，政府自身的发展意愿与重点方向会对区域空间开发走向有直接的影响。

（10）规划衔接

区域空间开发直接受到区域空间规划的影响，尤其是未来规划的走向和安排，会对区域空间开发适宜性水平有直接的影响。

（11）其他因素

其他因素指用户可以自行定义对区域空间开发适宜性具有影响的因素。

四、软件操作功能

1. 空间叠加分析的基础操作

（1）矢量栅格化处理

系统进行空间叠加分析时，要求各分析图层必须为栅格图层，因而需要对于分析要素中的非栅格图层进行栅格化处理后才能进行计算。其中，土地利用、水资源、环境容量、人口规模、聚集程度、经济水平、政府意愿、规划衔接、其他因素等要素采用这种数据处理方式。

用户单击"加载"按钮，系统会弹出土地利用图层输入的提示框。系统提供了两项选择，如果用户已经具有研究区域的土地利用栅格图，就可以直接单击"否"并选择土地利用栅格图层的存储路径直接进行导入。如果用户没有研究区域的栅格图层，软件提供了利用矢量地图进行栅格化的计算模块，点击"是"，然后系统会自弹出生成矢量地图栅格化对话框。

用户可选择进行栅格化处理的矢量数据图层的路径位置，并对生成的土地利用图层进行存储位置指定和文件命名，系统会自动读取矢量地图的所有属性字段，用户可以点击"数值字段"的下拉菜单，选择原始矢量图层中合适的属性字段用于代表土地利用类型，并将其值赋值于栅格化后的栅格图层。

（2）由软件系统计算生成

除了利用原始数据的矢量图层进行栅格化处理外，部分要素还可以通过其他数据进行生成，坡度数据可以利用 DEM 生成，交通通达性可以利用中心城镇点数据和路网数据进行计算。

在坡度要素计算中，单击"加载"按钮，弹出坡度图层生成的提示框。国土空间开发适宜性评价系统 1.0 默认需要由地形图（DEM）生成。如果用户已经具有研究区域的坡度栅格图，就可以直接单击"否"并选择坡度图层的存储路径直接进行导入。如果用户没有研究区域的栅格坡度图，国土空间开发适宜性评价系统 1.0 提供了利用 DEM 数据进行坡度生成的计算模块。点击"是"，系统会自动弹出生成坡度图对话框。用户可选择 DEM 数据图层的路径位置并对生成的坡度图层进行存储位置指定和文件命名。同时，在坡度数据分辨率文本框中，用户可以根据研究需要指定输出坡度栅格单元的大小，拉伸系数保留默认值 1。

在交通通达性要素计算中，单击"加载"按钮（与坡度图层一样），系统会弹出交通通达性图层输入的提示框。如果用户已经具有研究区域的交通通达性栅格图，就可以直接选择相应栅格图层的存储路径直接进行导入。如果用户没有研究区域的交通通达性栅格图层，软件提供了利用交通路网矢量地图进行通达性计算的模块，然后系统会自弹出生成矢量地图栅格化对话框。用户可依次选择研究区域的中心点（研究区域的中心城镇的矢量点数据），路网数据（包括研究区域的铁路、高速、国道、省道、县道路网），以及研究区的面域范围，作为掩模图层。Nodata 赋值指没有路网覆盖区域设定的通行速度值，默认为 40 千米/小时。结果格网分辨率为输出通达性时间的栅格单元大小。参数设定后，点击"通达性分析"，程序自动运行，对研究区域各点到中心城镇的最短通行时间进行计算。

2. 图层分类赋值

各分析要素图层导入之后，可以点击分类赋值按钮对要素进行分类赋值，即对各要素不同量纲的原始值统一进行赋值标准化处理，系统默认赋值最小值 1、最大值 5。系统赋值遵循以下原则，即赋值越高，则区域空间开放适宜性水平越高。

以坡度要素为例，点击"赋值"按钮，系统会自动弹出分类标准设置对话框，系统提供了一个默认的赋值标准，用户可以根据自己研究的需要对分类标准和范围，通过双击文本框，进行自定义设置并单击"确定"。系统也对栅格图层的最大值和最小值进行了读取，对用户设置分类标准的范围设定提供了参考。

3. 图层权重设置

对不同图层进行空间叠加分析时，各因素对空间开发适宜性的影响程度有差别，因而需要对图层叠加分析的权重水平进行设置。

系统对各图层要素提供了一个默认值，单击权重文本框，用户可以根据不同区域的实际情况并结合专家意见，对各图层的权重水平进行自定义设置。需要注意的是，对于自然基础、经济基础、政策导向已经利用上述三者分析结果进行综合分析的适宜性评价选项卡中各层的权重总和应等于"100"，否则系统则会弹出提示框，提示用户进行校验。

4. 栅格大小设置

在各图层输入和权重设定之后，需要对图层加权分析的输出结果的栅格大小进行设定，在结果格网大小文本框中，系统提供了默认的 500 米单元格大小，用户可以根据研究的需要进行自定义设置。

五、分析结果显示

1. 输入分析图层的分类显示

分析图层导入或者由其他图层生成要素图层后，如果需要查看图层信息，则勾选需要显示的图层并在下拉菜单中选择满足的条件信息，然后单击查看按钮。以坡度因素为例，如果选择所有值，则图层信息会直接显示在地图窗口中。下拉菜单的选择值域条件与分类赋值对话框的分类标准同步，用户可以先通过对分类赋值条件的设定，对下拉菜单的选择条件进行修改。用户也可以通过下拉菜单，对满足其他条件的值进行显示。

2. 输出结果图层的分类显示

在对多图层要素进行加权分析时，如果用户想要查看结果，则勾选"查看结果"单选框，通过系统加权分析的结果会直接加载到系统中并在地图显示区显示。

系统对输出结果图层进行了默认分类的设置，即按照系统分类赋值的 1～5 分值大小对输出结果图层进行分类。如果用户想要对生成结果进行其他分类显示，可以把输出结果加载到 ArcGIS 软件或 Photoshop 软件中进行进一步编辑操作。

参 考 文 献

陈诚、陈雯："盐城市沿海的适宜开发空间选择研究"，《长江流域资源与环境》，2008 年第 5 期。

陈雯、段学军、陈江龙："空间开发功能区划方法的初探"，《地理学报》，2004 年增刊。

陈雯、孙伟、段学军等："以生态—经济为导向的江苏省土地开发适宜性分区"，《地理科学》，2007 年第 3 期。

邓轶："城乡建设用地适宜性评定方法研究"（博士论文），南京师范大学，2008 年。

樊杰："我国主体功能区划的科学基础"，《地理学报》，2007 年第 4 期。

樊杰、周侃、陈东："生态文明建设中优化国土空间开发格局的经济地理学研究创新与应用实践"，《经济地理》，2013 年第 1 期。

韩书成、濮励杰："基于供给约束与需求的土地开发适宜性空间分异研究——以江苏省为例"，《长江流域资源与环境》，2010 年第 3 期。

何丹、金凤君、周璟："资源型城市建设用地适宜性评价研究——以济宁市大运河生态经济区为例"，《地理研究》，2011 年第 4 期。

何英彬、陈佑启、杨鹏等："国外基于 GIS 土地适宜性评价研究进展及展望"，《地理科学进展》，2009 年第 6 期。

黄金川、林浩曦、漆潇潇："面向国土空间优化的三生空间研究进展"，《地理科学进展》，2017 年第 3 期。

江浏光艳："建设用地适宜性评价研究"（硕士论文），四川师范大学，2009 年。

金志丰、陈雯、孙伟等："基于土地开发适宜性分区的土地空间配置——以宿迁市区为例"，《中国土地科学》，2008 年第 9 期。

李坤、岳建伟："我国建设用地适宜性评价研究综述"，《北京师范大学学报（自然科学版）》，2015 年增刊。

李孝芳："中国土地资源分类原则和系统的探讨"，《资源科学》，1981 年第 2 期。

梁涛、蔡春霞、刘民："城市土地的生态适宜性评价方法——以江西萍乡市为例"，《地理研究》，2007 年第 4 期。

凌云川："土地适宜性评价理论与方法研究"，《现代农业科技》，2007 年第 18 期。

石玉林："关于《中国 1∶100 万土地资源图土地资源分类工作方案要点》（草案）的说明"，《资源科学》，1982 年第 1 期。

史同广、郑国强、王智勇等："中国土地适宜性评价研究进展"，《地理科学进展》，2007 年第 2 期。

唐常春、孙威："长江流域国土空间开发适宜性综合评价"，《地理学报》，2012 年第 12 期。

王玉国、尹小玲、李贵才："基于土地生态适宜性评价的城市空间增长边界划定——以深汕特别合作区为例"，《城市发展研究》，2012 年第 1 期。

吴艳娟、杨艳昭、杨玲等："基于'三生空间'的城市国土空间开发建设适宜性评价——以宁波市为例"，《资源科学》，2016 年第 11 期。

杨少俊、刘孝富、舒俭民："城市土地生态适宜性评价理论与方法"，《生态环境学报》，2009 年第 1 期。

杨子生："山区城镇建设用地适宜性评价方法及应用——以云南省德宏州为例"，《自然资源学报》，2016 年第 1 期。

尹海伟、张琳琳、孔繁花等："基于层次分析和移动窗口方法的济南市建设用地适宜性评价"，《资源科学》，2013 年第 3 期。

喻忠磊、张文新、梁进社等："国土空间开发建设适宜性评价研究进展"，《地理科学进展》，2015 年第 9 期。

喻忠磊、庄立、孙丕苓等："基于可持续性视角的建设用地适宜性评价及其应用"，《地球信息科学学报》，2016 年第 10 期。

张浩、赵智杰："基于 GIS 的城市用地生态适宜性评价研究"，《北京大学学报（自然科学版）》，2011 年第 3 期。

郑文武、田亚平、邹军等："基于 GIS 的南方丘陵生态脆弱区土地利用适宜性研究——以衡阳盆地为例"，《地理与地理信息科学》，2010 年第 6 期。

周建飞、曾光明、黄国和等："基于不确定性的城市扩展用地生态适宜性评价"，《生态学报》，2007 年第 2 期。

祝仲文、莫滨、谢芙蓉："基于土地生态适宜性评价的城市空间增长边界划定——以防城港市为例"，《规划师》，2009 年第 11 期。

宗跃光、王蓉、汪成刚等："城市建设用地生态适宜性评价的潜力—限制性分析——以大连城市化区为例"，《地理研究》，2007 年第 6 期。

第五章 城镇群地区资源环境承载力测度与系统开发

城镇群地区是我国人口、产业的主要集聚区，同时也是我国"人""地"矛盾最突出的地区，是最需要科学空间管治的国土区域。城镇群地区的资源环境承载力是决定人口、产业集聚程度的重要衡量标准，也是城镇群空间规划决策制定的重要前提条件。研究城镇群地区空间承载力评价等技术，攻关城镇群地区空间规划虚拟系统，将为推进城镇群地区空间科学规划发挥重要作用。本章主要基于资源环境承载力理论，尝试构建适合城镇群地区特征的资源环境承载力测度指标体系并设计相应的测算方法，为城镇群地区空间规划提供标准化的技术支撑，有利于推进城镇群地区空间规划标准化和科学化的进程。

第一节 资源环境承载力测度研究回顾

资源环境承载力的监测是解决可持续发展问题和中国推进新型城镇化的主要应用基础研究方向，是解决地球系统科学中自然圈层与人文圈层相互作用机理和过程的重要科学选题。一直以来，许多学者曾就资源环境承载力的内涵进行思考。施耐德（Schneider，1978）认为，资源环境承载力是"在不会遭到严重退化的前提下，自然或人造环境系统对人口增长的容纳能力"。联合国教科文组织（1985）提出了"资源承载力"的概念，即"一国或地区的资源承载力是指在可以预见的时期内，利用该地区的能源及其他自然资源和智力、技术等条件，在保证符合其社会文化准则的物质生活条件下，所能持续供养的人口数量"。刘蕾（2013）将资源环境承载力定义为"国家和地区在某一时期、一定科学技术水平条件下资源环境的数量和质量，对所辖空间区域内人类社会生存、经济社会发展的支撑能力"。近年来，一些学者对于我国资源环境的承载力现状、变化动态及与社会发展之间的关系进行了综合的评价与分析，主要的研究集中在以下三个方面。

一、资源环境承载力状态评价方法与案例分析

随着中国经济的快速发展，资源消耗、环境污染和生态恶化的压力逐步增大，资源环境承载力的相关研究日益成为学界关注的焦点（Fang and Liu，2010），能值分析（张子龙等，2011；张志卫等，2012）等分析方法不断涌现，出现很多不同区域的承载力研究尝试（张红伟、陈伟国，2008）。同时，GIS 空间分析等新方法也不断应用于承载力研究中（Shi et al.，2013；廖顺宽等，2016；欧弢等，2017）。徐勇等（2016）通过构建分步式或集成式测算方法，按县级单元分别对我国水、土、环境和生态等资源环境要素的承载约束进行了测算、空间差异分析及地域类型划分。贾志涛、曾繁英（2017）构建了涵盖自然生态环境承载力、社会心理承载力和经济环境承载力三个维度的环境承载力评价指标体系，并基于旅游发展的资源环境承载力对鼓浪屿进行量化测算和评价。饶均辉（2016）选择 14 个指标构建区域水资源承载力评价指标体系及分级标准，提出 GSA-PP 水资源承载力评价模型。屈小娥（2017）运用 TOPSIS 综合评价方法，构建水资源承载力综合评价指标体系实证测算研究了陕西省及各城市水资源承载力的基本情况。

在资源环境承载力案例分析方面，席晶、袁国华（2017）采用空间分析方法对中国 30 个省份的资源环境承载力情况进行了实证研究，发现中国各省份的承载力水平存在较强的空间自相关性，资源环境承载力水平较高的省区集聚于东部经济发达地区，资源环境承载力水平较低的省区则集中于西部经济欠发达地区。冯欢等（2017）基于灰色关联定权 TOPSIS 和 GIS 对重庆市资源环境承载力进行研究，结果表明县域资源环境承载力呈现显著的空间自相关，其中高值和低值聚类显著性强。刘秀秀、杜忠潮（2016）利用主成分分析法对关中—天水经济区城镇群资源环境承载力进行综合性定量评价。

在承载力制约因素方面，汪自书等（2016）对资源环境约束下的北京市人口承载力进行研究，结果发现人口主要受水资源、大气环境和水环境的限制，综合考虑可持续发展能力的情况下，北京市 2020 年最佳的承载人口为 2 250 万人。邹荟霞、任建兰（2016）对山东省资源环境承载力综合评价与区域差异进行研究，认为产生区域差异的原因主要有区位和自然条件因素、产业结构、技术水平、人才资源、经济发展水平等。向秀容等（2016）基于生态足迹法构建生态承载力的评价与预测模型，分别评价和预测了 2010 年与 2015 年天山北坡经济带的生态足迹和承载力，认为城镇化对未利用地的开发形成用地总量供给的增加可能是维持生态盈余的主要原因之一。

二、资源环境承载力的演化分析

随着生态环境的恶化与承载能力的弱化趋势日益凸显，许多学者开始着眼于资源环境承载力动态演化的分析。在区域尺度上，王彦彭（2012）采用状态空间法对2003~2009年中国及各地区的生态承载力进行评价，发现我国生态承载状况处于超载状态，环境纳污能力和资源供给能力发展缓慢，其中资源供给能力低于全国生态承载水平。郭轲、王立群（2015）运用状态空间模型科学测量京津冀地区资源环境承载力并结合时间序列Tobit模型分析京津冀地区资源环境承载力的驱动因素，研究表明，2000~2012年京津冀地区资源环境承载力处于可载状态，且在上升阶段，社会经济增长给资源环境带来的压力较大。京津冀三省（市）的承载度都呈现"U"形曲线形式，资源环境承载度都较低，资源环境承载潜力较大。在城市尺度上，赵庆令等（2016）对济宁市环境承载力年际变化进行了综合评价，结果表明，2006~2010年济宁市环境承载力呈现逐年上升的趋势。安琪儿、王朗（2016）以2001~2014年的数据为基础，预测未来唐山资源环境承载力变化情况，认为唐山市的矿产资源承载力也会先降后增。金悦等（2015）对唐山市生态承载力变化情况进行分析，认为在2001~2010年十年内唐山市生态系统的承载能力不断提高，但资源依赖型发展模式带来的资源短缺、环境污染和生态破坏等问题仍是制约生态承载力进一步提高的主要因素。王睿等（2017）基于模糊综合评判对杭锦旗水资源承载力演化情况进行分析，2008~2014年杭锦旗水资源承载力总体上表现为逐年上升趋势，但杭锦旗水资源开发利用已接近其承载力的极限。

三、资源环境承载力与社会经济发展的响应关系

城镇化与资源环境承载力的关系是复杂人地关系的特殊表现形式，是地理学面向人文要素和自然要素综合集成与相互关系研究的重要内容。刘凯等（2016）对1991~2014年山东省城镇化的资源环境承载力响应关系进行实证研究，发现山东省城镇化的资源环境承载力响应指数由正响应转变为负响应，城镇化的资源环境承载力响应度由相对稳定转变为急剧提高；环境规制和产业结构是影响山东省城镇化的资源环境承载力响应关系演变的两大主要因素。张燕等（2009）研究2000年和2006年中国31个省份的区域发展潜力和资源环境承载力的空间关联性规律及其演变过程，发现区域发展潜力与资源环境承载力空间分布皆在整体上呈现由沿海到内陆再到西部的阶梯递减的趋势，区域发展潜力与资源环境承载力均表现出全局性显著的相似省份间"趋同"的集聚特征，资源环境承载力对低发展潜力地区所起的制约效应比高发展潜力地区要大得多。丛琳（2015）基

于能值理论研究了北京市资源环境承载力和经济发展随时间演变的关系，发现随着时间的增长，北京市资源支持人类活动越多，环境承载压力越大，经济越发展的演变趋势。潘家华（2014）提出在城镇化的过程中要尊重自然、顺应自然，构建与资源环境承载能力相协调的科学合理的宏观布局，界定并发挥市场和政府的作用，均衡配置社会公共资源，确保我国的城镇化进程绿色健康。廖慧璇等（2016）综述了与区域可持续发展密切相关的四大类资源承载力（包括土地资源、水资源、能源资源和生物资源承载力）和两大类环境承载力（包括空气环境和水环境承载力）的重要性，提出资源环境承载力是制定可持续发展战略规划的基础，并提出应尽快制定符合我国国情的评价标准和综合评价体系，通过简化评价过程来提高资源环境承载力评价的可操作性。

第二节　资源环境承载力测度方法

一、资源环境承载力测度指标体系

在对资源环境承载力理论内涵进行综述分析的基础上，本节首先对评价要素进行筛选，分为自然本底条件、生态环境要素和社会经济基础三个方面，对土地资源、水资源等自然本底条件，生态重要性、环境容量等生态环境要素，以及经济社会发展水平、基

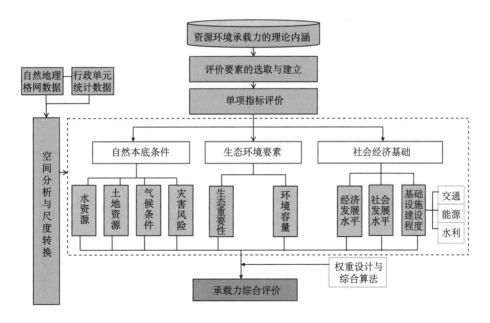

图 5–1　承载力综合评价操作流程

础设施建设程度等社会经济基础中的评价要素进行分类选择，针对要素中不同数据的空间属性，如自然地理栅格数据、矢量数据、行政统计数据等，进行空间特征分析并对各类要素实施尺度转换，统一最小空间数据单元；然后，运用数理方法分析各类指标数据的权重，设计评价算法，最终对城镇群地区资源环境承载力进行综合评测（图5-1）。

随着人类活动规模的不断增大，对资源消耗与环境损害的监控已经成为我们控制资源环境恶化水平、提高人类生存条件的有效手段。本方案拟通过资源消耗水平和环境损毁压力两个方面对资源环境承载力进行测算。其中，资源消耗水平包括人口的集聚以及社会经济建设带来的资源消耗；环境损毁压力包括污染物的胁迫程度及生态破坏的程度。为了平衡测度单元规模大小的差异，所有指标采用三个维度进行测量，即总量、强度和速度（表5-1）。

表5-1 资源环境承载力测度体系

一级指标	二级指标	三级指标	四级指标		
			总量指标	强度指标	速度指标
资源环境承载力	资源消耗水平	人口集聚水平	总人口	人口密度	年均人口增长率
			总耗水量	人均耗水量	年均用水增长率
			总能源消耗量	人均能源消耗量	年均耗能增长率
		城市/经济建设水平	建设用地总面积	建设用地占比	年均建设用地增长率
			GDP	地均GDP	年均GDP增长率
			工业生产总值	地均工业生产总值	年均工业生产总值增长率
	环境损毁压力	污染物胁迫程度	COD排放量	地均COD排放	年均COD排放变化率
			工业SO_2排放量	地均工业SO_2排放量	年均工业SO_2排放变化率
			PM2.5年均值	极端雾霾天气占比	PM2.5平均浓度变化率
		生态破坏程度	生态用地总面积	生态用地比重	生态用地比重变化率
			生态格局匹配度		

二、指标数据处理

在数据的采集过程中，不可避免地会遇到各类数据空间尺度不一的问题，需要对各种尺度的空间数据进行转换（图5-2）。对于大部分为栅格的自然地理空间数据，尺度较小的采取分区等级赋值的方法或者最大面积法进行尺度转换，尺度较大的采取空间插值或者格网分切的方法进行尺度转换。对于行政单元统计数据和矢量数据，面状数据采取空间格网化的方法进行小尺度分割，线形数据根据设定的缓冲区先转化为面状数据，然后采取空间格网化的方法进行小尺度分割，最后生成统一的空间格网数据。

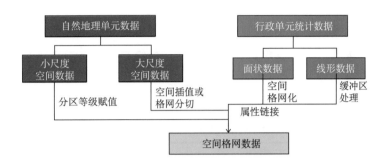

图 5–2　空间数据尺度转换

对于部分数据的整合计算问题，我们采取以下方法进行计算：对于总人口、人口密度、人口增长率等在统计年鉴上就可以收集到的数据，直接采用 GIS 图件表达；对于生态用地面积、生态用地增长率等指标，采取遥感数据空间面积提取的方法，结合行政单元统计数据中提供的行政区总面积等数值，计算获得最终数据，进行 GIS 图件表达；对于部分缺失数据，采用过去几年已有数据，运用趋势外推的方法对缺失数据进行补充，最后得到 GIS 图件表达。

在指标的权重上，由于各分项指标的逻辑层次相同，故采用相同的等分权重来计算。首先将指标体系内的数据进行标准化，然后将总量指标、强度指标和速度指标相乘，作为四级指标的指标数据，再针对第三级指标进行赋予权重下的加和，最终得到人口集聚水平、城市/经济建设水平、污染物胁迫程度、生态破坏程度的指标数值。之后根据第三级指标数值的实际分布情况，对第三级指标的数值作定性归类，进行二级和一级指标的综合集成（表 5–2）。

表 5–2　第三级指标数值计算方法

三级指标	三级指标计算
人口集聚水平	人口（总量指标×强度指标×速度指标）×1/3+耗水（总量指标×强度指标×速度指标）×1/3+能耗（总量指标×强度指标×速度指标）×1/3
城市/经济建设水平	用地（总量指标×强度指标×速度指标）×1/3+GDP（总量指标×强度指标×速度指标）×1/3+工业产值（总量指标×强度指标×速度指标）×1/3
污染物胁迫程度	COD（总量指标×强度指标×速度指标）×1/3+SO_2（总量指标×强度指标×速度指标）×1/3+天气（总量指标×强度指标×速度指标）×1/3
生态破坏程度	生态用地（总量指标×强度指标×速度指标）×1/3+匹配度（匹配度[3]）×1/3

三、指标数据综合集成

根据上述指标数值的大小对应以下阈值对各城市的三级指标值进行定性，然后再将各项定性指标依据以下规则集成为二级类别，最终归类为资源环境承载力指标类别（表5–3）。

表5–3 二级指标定性归类的阈值标准

二级指标	三级指标	阈值	分类	颜色表示
资源消耗水平	人口集聚水平	≥0.85	预警	红色
		0.50～0.85	临界预警	黄色
		≤0.50	安全	绿色
	城市/经济建设水平	≥0.50	预警	红色
		0.20～0.50	临界预警	黄色
		≤0.20	安全	绿色
环境损毁压力	污染物胁迫程度	≤0.85	预警	红色
		0.85～0.95	临界预警	黄色
		≥0.95	安全	绿色
	生态破坏程度	≥0.20	预警	红色
		0.10～0.20	临界预警	黄色
		≤0.10	安全	绿色

在对二级指标进行定性判断的基础上，采用三类九种类型搭配方式的综合分析，将不同三级指标的临界、预警与安全类型分别综合为二级指标（资源消耗水平和环境损毁压力）的临界、预警与安全三个类别，然后再通过相同的综合集成方法，将二级指标的类型搭配综合成为一级指标的类别（表5–4）。

四、指标数据试算

本章采用京津唐地区作为试算样本区，以2000年、2010年《中国城市统计年鉴》《城市建设统计年鉴》等资料以及各地水资源年报、环境保护部监测数据等为来源，结合土地利用遥感解译数据和生态格局预测数据，计算京津唐地区各项指标数据数值，并根据上述规则对各项数据指标进行综合集成，得到2000～2010年京津唐地区资源环境承载力变化；分别根据综合集成规则得到2000年和2010年的京津唐地区资源环境承载力格局，将两年数据进行对比分析，得到2000～2010年京津唐地区资源环境承载力变化格局（图5–3）。

表 5–4　一级和二级指标的综合类别集成方案

二级指标	三级指标	分类	综合归类：二级指标	综合归类：一级指标
资源消耗水平	人口集聚水平	预警	人口集聚水平	资源消耗水平
		临界		
		安全		
	城市/经济建设水平	预警		
		临界		
		安全		
环境损毁压力	污染物胁迫程度	预警	污染物胁迫程度	
		临界		
		安全		
	生态破坏程度	预警		
		临界		
		安全		

人口集聚水平矩阵：
预警行：临界　预警　预警
临界行：安全　临界　预警
安全行：安全　安全　临界
（横轴：安全　临界　预警　城市/经济建设水平）

污染物胁迫程度矩阵：
预警行：临界　预警　预警
临界行：安全　临界　预警
安全行：安全　安全　临界
（横轴：安全　临界　预警　生态破坏程度）

资源消耗水平矩阵：
预警行：临界　预警　预警
临界行：安全　临界　预警
安全行：安全　安全　临界
（横轴：安全　临界　预警　环境损毁压力）

第三节　城镇群资源环境承载力测度系统开发

一、系统简介

资源环境承载力测算评估系统是在计算机硬件、软件系统支持下，对一定区域范围内资源环境相关信息采集、存储、管理、分析、显示和描述的技术系统。资源环境承载力测算评估系统处理、管理的对象是多种资源环境活动产生的指标数据以及相关的区域空间实体数据及其关系，包括空间定位数据、图形图片数据、属性数据等，用于分析和处理在一定区域内资源环境承载力的级别和分布状况，为解决复杂的城镇群区域规划、决策和管理提供科学技术支撑。

资源环境承载力测算评估系统采用地图、文字、图表、数字等多媒体信息集成，将资源环境人类活动其相关信息进行输入、储存、查询、检索、分析、管理、统计、制图和输出；以多形式、多介质、多功能、全方位、动态地反映和揭示一定区域内资源环境承载力的区域分布特征、结构、地域组合和发展趋势。该系统将为城镇群资源开发、区域规划、重大工程建设等规划活动提供科学管理和决策分析工具。

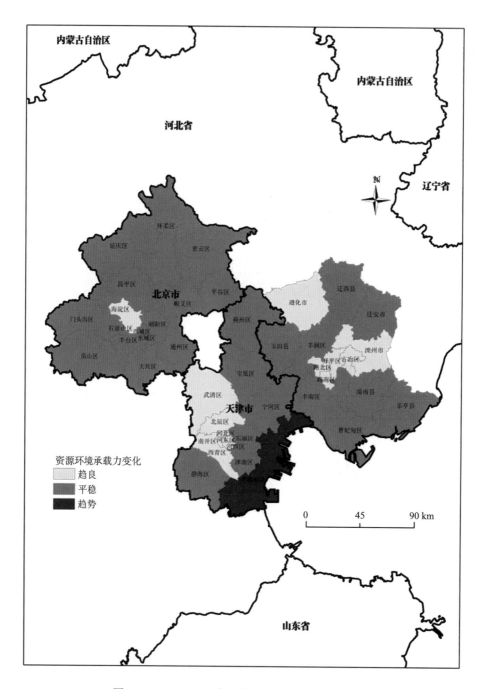

图 5-3　2000~2010 年京津唐地区承载力变化格局

1. 资源环境承载力系统设计原则

（1）综合性和突出性。系统是针对国土空间资源环境的特征来设计的，要适合国土空间资源环境发展的规律。国土空间资源环境数据库建设涉及自然与社会经济的各个方面，因此，在基本内容上要考虑到综合的一面，同时要突出资源环境消耗的重点及其相关信息。在功能、系统结构设计时，将充分围绕资源环境消耗的特点及其开发条件来进行搭建。

（2）开放性与规范性。资源环境承载力测算评估系统应提供与其他应用软件的数据接口，具备对运行环境升级换代的能力，并能实现与其他软件元素的协调工作。从系统的设计到系统的开发都是规范化的管理和操作，从数据的收集、分类、处理、管理到成果的可视化表达都依照国家的有关标准进行，要符合规范化和标准化设计。

（3）实用性与可操作性。因为人力资源的限制，系统功能必须完善，满足用户的要求，界面必须做到美观友好、方便操作，功能立足于高起点、高水准，用户端立足于低起点、低难度。

（4）经济性与可延续性。因为自身的经济条件和资源的限制，在满足系统功能以及考虑到在可预检的将来仍不失其先进性的条件下，尽量节省开支，以便构成一个性价比较高的资源环境承载力测算评估系统。系统的设计能够支持资源环境承载力测算的不断发展变化，便于增加新的功能，即系统应具有良好的可扩充性、升级性。

2. 资源环境承载力系统设计目标

（1）资源环境承载力测算评估及其相关信息进行输入、储存、查询、检索、分析、管理、统计、制图和输出。

（2）资源环境承载力测算评估系统采用地图、文字、图表、数字等多媒体信息集成，多形式、多介质、多功能、全方位和动态地反映资源环境利用和损耗的基本现状。

（3）反映和揭示资源环境利用和损耗的区域分布特征、结构、地域组合等。

（4）为资源环境管理和研究部门分析及掌握资源环境利用与损耗现状，制定长远规划等提供科学管理和决策分析工具。

3. 资源环境承载力系统设计结构

资源环境承载力测算评估系统框架如图 5–4。系统有四个层次，采用自下而上的设计，最底层的数据层是由资源环境信息数据库组成，空间数据引擎由地图的显示、数据库的管理、数据的查询、空间分析等组成，资源环境信息管理模块则通过空间数据引擎来调用资源环境信息数据库，最顶层是用户界面层。

系统以 GIS 软件为核心，采用地图、文字、图表、数字等多媒体信息集成；在水、土、大气等资源环境消耗量计算的基础上，完成资源消耗和环境污染等多方面的空间分析、空间评价、空间管理；实现可视化的地理空间与各类资源环境消耗信息的有机链接，反映和揭示资源环境消耗及其相关信息的分布特征、结构、地域组合等特征。

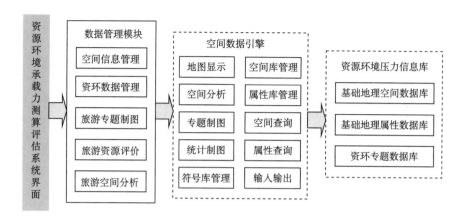

图 5-4　资源环境承载力测算评估系统的框架结构

该系统采用面向对象的设计原理，是从底层开发并具有自主版权的资源环境承载力测算评估系统。在设计上，采用了相关国家标准，如国家环境空气质量标准等。

4. 资源环境承载力系统技术路线

资源环境承载力测算评估系统在拥有自主版权的 GIS 软件平台进行开发，采用 C# 开发语言，在 Windows X 系列操作系统集成。系统主要针对资环环境消耗监测、资环承载力信息分析、三维可视化表达等进行开发和智能化设计，以面向资源环境承载力测算及其相关信息的管理与分析为对象进行设计和功能模块划分。

资源环境承载力测算评估三维可视化系统是基于 ArcGIS Engine 平台进行开发的。

空间数据库的基本比例尺为 1∶10 000，包括道路、街区、公路、河流、湖泊、地名、行政界线等内容。通过与相应级别的属性数据库对应，快速地进行信息空间查询、检索和分析，来揭示资源环境承载力的地域差异、区域非均衡性以及在地域上的分布特点。

二、系统配置

1. 硬件配置

CPU：主频 2GHz 或更高，推荐使用 3GHz。

内存：不少于 128M，推荐使用 256M 及更高。

硬盘：不少于 20GB、5 400RPS，推荐使用 60GB、7 200RPS。

其他：以太网、高性能显示系统，推荐使用 100/1 000MBps 网卡。

2. 软件配置

Windows2000/XP/Windows7 环境，推荐使用 Windows7 系统，兼容.NET2.0。

本系统基于 ArcGIS Engine 二次开发，详细介绍了基于 ArcGIS Engine 组件的开发方式。总体设计思路是基于 ArcGIS Engine 提供的空间数据处理、数据编辑、空间分析等组件，利用可视化开发工具 VS 进行城镇群规划资源环境承载力测算系统的开发。系统主要由 GIS 功能模块和城镇群信息模块组成，其中 GIS 功能主要包括视图浏览、矢量图层的查询、属性管理、图形操作、基本的空间分析及各种专题图件输出等。GIS 功能采用 ArcGIS Engine 的接口技术来实现，对于部分简单的 GIS 功能，直接调用 ArcGIS Engine 提供的工具按钮实现，对于复杂的 GIS 功能，如动态演化功能模块、城镇群空间规划等则通过调用 ArcGIS Engine 对象库中的函数和控件并结合 C#编程方法实现。本地理信息系统研制使用了面向对象开发语言并充分利用了 ArcGIS Engine 提供的基本的图形操作、数据编辑、图形显示、空间分析等组件来搭建，该法有效地提高了应用地理信息系统的开发效率，且具有良好的用户界面和完善的功能。基于 ArcGIS Engine 开发的信息系统最大的特点是能完全脱离 ArcGIS 软件系统在 Windows 环境下独立运行，而且操作简单方便。

三、系统基本操作

1. 系统主界面

系统主界面如图 5–5 所示。

2. 系统功能模块界面

资源环境承载力测算以京津冀地区为样例计算范围进行计算和制图。计算的承载力指标分为资源消耗和污染排放两个大类，其中资源消耗包含每个地级单位的耗水比例、建设用地占比等指标，污染排放包含每个地级单位的废水排放指数、PM2.5 等指标。根据前面各指标对应的计算公式进行计算和评估，并将最终获得的各地区资源环境承载力评级结果展示到图中。在计算中可以选取单一指标计算展示，也可以选取其中的几个指标进行计算展示。如果要获取最终结果，则必须选择全部的承载力指标（图 5–6）。

图 5-5　系统主界面

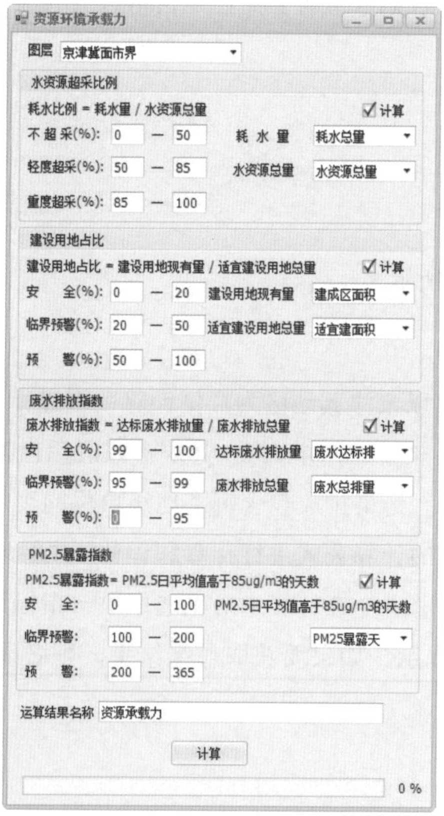

图 5-6　资源环境承载力各功能模块数值设置界面

该功能需要用户选择多个参数并设置各个承载力指标的安全性阈值。根据前述每个环境承载力指标分为安全、临界预警和预警三个级别，在计算时要分别为每个级别设置阈值，规定每个级别的数值范围。系统为每个环境承载力指标设置了缺省的阈值来规定每个指标在每个安全级别中的数值范围。因为当前计算范围为京津冀地区，所以阈值设定针对的也是京津冀地区的情况。如果计算范围改变，用户也可以根据计算范围地区的具体情况自己改变阈值设定各安全级别的数值范围。

计算完成后，会显示不同分指标和总承载力的空间格局图。

第四节　结论与展望

城镇群空间规划是新时期我国进行空间管治和促进区域协调发展的重要手段，亟须建立相应的技术支撑体系。本章在系统梳理我国城镇群地区资源环境承载力测度已有相关技术和理清关键技术需求的基础上，针对城镇群地区面临的突出的"人""地"矛盾，试图探索一套能够科学诊断城镇群地区资源环境承载力的测度体系，并在基础地理信息系统的支持下进行城镇群地区资源环境承载力空间测度关键技术开发，为城镇群地区空间规划的虚拟现实技术与虚拟现实系统提供配套组件，为城镇群地区空间规划提供标准化的技术支撑，以提升空间规划的科学性，推进城镇群地区空间规划标准化进程，为有序引导城镇化过程和科学合理进行城乡建设布局提供有力支持。

本研究在系统集成的过程中对不同空间尺度的数据融合提供了解决方案，综合运用空间插值、空间分切、分区等级赋值等方法，对不同尺度的栅格、矢量及面状统计数据进行了空间格网单元的统一。同时，对统计汇总、遥感提取等不同来源的数据采用对应的方法获取统一空间单元的地图表达，能够为未来城镇群地区资源环境承载力数据统一收集整理提供一定的方法借鉴。本研究还在资源环境承载力的分类表达上进行了尝试，在资源消耗水平和环境损毁压力两个综合维度上提出一套对资源环境承载力进行分类预警的识别体系，有助于未来对城镇群地区资源环境承载力进行不同空间单元统一测度管理时的有效识别。

本研究在以上体系研判的基础上，对城镇群资源环境承载力测度系统进行了开发。系统能够对一定区域范围内资源环境相关信息进行存储、管理、分析、显示和描述，能够分析和处理在一定区域内资源环境承载力的级别和分布状况，为解决复杂的城镇群区域规划、决策和管理提供科学技术支撑。

参 考 文 献

Fang, C. L., Liu, X. L. Comprehensive Measurement for Carrying Capacity of Resources and Environment of City Clusters in Central China. *Chinese Geographical Science*, 2010, 20(3): 281-288.

Schneider, D. M., Godschalk, D. R., Axler, N. *The Carrying Capacity Concept as a Planning Tool*. Chicago: American Planning Association, 1978.

Shi, Y. S., Wang, H. F., Yin, C. Y. Evaluation Method of Urban Land Population Carrying Capacity Based on GIS – A Case of Shanghai, China. *Computers, Environment and Urban Systems*, 2013, 39: 27-38.

安琪儿、王朗："矿业城市资源环境承载力的系统动力学模拟",《资源与产业》，2016 年第 6 期。

丛琳："北京市资源环境承载力与经济发展关系研究"（硕士论文），中国地质大学（北京），2015 年。

冯欢、谢世友、柳芬等："基于灰色关联定权 TOPSIS 和 GIS 的重庆市资源环境承载力研究",《西南大学学报（自然科学版）》，2017 年第 2 期。

郭轲、王立群："京津冀地区资源环境承载力动态变化及其驱动因子",《应用生态学报》，2015 年第 12 期。

贾志涛、曾繁英："基于改进 AHP 的旅游环境承载力评价研究——以鼓浪屿景区为例",《商业经济》，2017 年第 2 期。

金悦、陆兆华、檀菲菲等："典型资源型城市生态承载力评价——以唐山市为例",《生态学报》，2015 年第 14 期。

廖慧璇、籍永丽、彭少麟："资源环境承载力与区域可持续发展",《生态环境学报》，2016 年第 7 期。

廖顺宽、杨焰、王静等："基于 GIS 的区域资源环境承载力评价——以河口县为例",《地矿测绘》，2016 年第 2 期。

刘凯、任建兰、张理娟等："人地关系视角下城镇化的资源环境承载力响应——以山东省为例",《经济地理》，2016 年第 9 期。

刘蕾：《区域资源环境承载力评价与国土规划开发战略选择研究：以皖江城市带为例》，人民出版社，2013 年。

刘秀秀、杜忠潮："关中—天水经济区城镇群资源环境承载力评价",《价值工程》，2016 年第 24 期。

欧弢、张述清、甘淑等："基于 GIS 与均方差决策法的山区县域资源环境承载力评价",《湖北农业科学》，2017 年第 3 期。

潘家华："城镇化要与资源环境承载能力相适应",《中国经济导报》，2014 年 5 月 17 日。

屈小娥："陕西省水资源承载力综合评价研究",《干旱区资源与环境》，2017 年第 2 期。

饶均辉："GSA-PP 模型在区域水资源承载力评价中的应用",《水资源与水工程学报》，2016 年第 6 期。

汪自书、苑魁魁、吕春英等："资源环境约束下的北京市人口承载力研究",《中国人口·资源与环境》，2016 年第 S1 期。

王睿、周立华、陈勇等："基于模糊综合评判的杭锦旗水资源承载力评价",《水土保持研究》，2017 年第 2 期。

王彦彭："我国生态承载力的综合评价与比较",《统计与决策》，2012 年第 7 期。

席晶、袁国华："中国资源环境承载力水平的空间差异性分析",《资源与产业》，2017 年第 1 期。

向秀容、潘韬、吴绍洪等："基于生态足迹的天山北坡经济带生态承载力评价与预测",《地理研究》，

2016 年第 5 期。

徐勇、张雪飞、李丽娟等："我国资源环境承载约束地域分异及类型划分"，《中国科学院院刊》，2016
年第 1 期。

张红伟、陈伟国："西部地区资源承载力探析"，《云南财经大学学报》，2008 年第 3 期。

张燕、徐建华、曾刚等："中国区域发展潜力与资源环境承载力的空间关系分析"，《资源科学》，2009
年第 8 期。

张志卫、丰爱平、李培英等："基于能值分析的无居民海岛承载力：以青岛市大岛为例"，《海洋环境科
学》，2012 年第 4 期。

张子龙、陈兴鹏、焦文婷等："基于能值理论的环境承载力定量评价方法探讨及其应用"，《干旱区资源
与环境》，2011 年第 8 期。

赵庆令、李清彩、田光彩等："基于主成分分析的济宁市环境承载力研究"，《山东国土资源》，2016 年
第 1 期。

邹荟霞、任建兰："山东省资源环境承载力综合评价与区域差异研究"，《中国环境管理干部学院学报》，
2016 年第 4 期。

第六章 大都市区自然资本利用的可持续性评估——以北京市为例

本章以北京市为例，基于三维生态足迹模型，分别采用足迹广度与足迹深度、足迹广度基尼系数与足迹深度变异系数以及人类发展指数与足迹深度等指标，定量评估大都市区自然资本利用的生态持续性、公平性及效率，有效规避了传统生态足迹模型过于依赖生态赤字或盈余、评估结果单一、缺乏指示性的不足，以期推动区域可持续发展评估研究的进一步深入。

第一节 生态足迹核算

一、生态足迹

生态足迹（ecological footprint），或称生态占用，是指能够持续提供资源或吸纳废物、具有生物生产力的陆地和水域的总面积，这一概念被形象地描述为"一只负载着人类与人类所创造的城市、工厂……的巨脚踏在地球上留下的脚印"。生态足迹分析法最早由加拿大生态经济学家威廉（William）等在 1992 年提出并由其博士生威克纳格（Wackernagel）在 1996 年完善，是一种基于一组土地面积的量化指标度量可持续发展程度的方法（Wackernagel and Rees，1996）。生态足迹实质是将人类对自然资源的消耗与地球环境影响联系起来，代表了既定技术条件和消费水平下特定人口对环境的影响规模以及持续生存对环境提出的需求（Wackernagel and Yount，1998）。其主要思路可概括如下：人类维持生存的每一项最终消费的量都可以追溯到提供生产该消费所需的原始物质和能量的生态生产性土地的面积，所以，人类的所有消费都可以折算成生态生产性土地面积，即为生态足迹。自生态足迹概念提出以来，国际上有关其概念、方法及模型的研究纷纷开展。目前生态足迹理论发展较为成熟，生态足迹法已经在全球、国家、城市和地区等层面进行了测算应用。1999 年，生态足迹的概念被引入国内，学者们对生态足迹的理论、方法和计算模型进行了系统介绍，生态足迹计算方法、模型修正和完善等研究内容逐步为我国学者所重视。

随着人类社会的快速发展、经济全球化的快速推进和运输能力的显著提升，人口增长和个人消费不断增加，人类对资源的需求呈现急剧扩张的趋势并远远超过地球的承载能力，全球生态超载成为日益严峻的挑战。从生态足迹的角度来看，地球所能提供资源的土地面积容不下这只"巨脚"。如果始终没有一块支撑"巨脚"发展的立足之地，人类文明便将走向崩毁。由于自然资本通过生态系统的生产作用产生自然收益，生态生产力越大，说明自然资本的生命支持能力越强。人类对自然资本的攫取和利用都是在具有生态生产能力的土地或水体，即生态生产性土地上进行的。因此，自然资本的生产与地球表面联系紧密，作为量化可持续发展程度的生态足迹分析正是通过生态生产性土地的概念来代表自然资本。对各类土地进行统计和转换建立关联，相较于对各种自然资本项目之间进行关系转化容易得多，将可持续发展分析中涉及的指标代换成相对应的生态生产性土地面积，极大地简化了对自然资本的统计，这种便利也在一定程度上推动了生态足迹的快速发展。

二、生态足迹核算方法

全球的生态生产性土地可以根据生产力大小的差异划分为六个类别，分别为化石能源用地、建设用地、耕地、林地、草地、水域。

（1）化石能源用地指开采化石燃料所占用的土地以及吸收化石燃料燃烧排放废气所需的生态空间，例如用于生物多样性保护或提供木材等产品和服务之外的林地面积。估算化石能源用地的方法通常有三种：①计算提供甲醇和乙醇等化石能源替代物所占用的土地面积；②计算吸收燃烧化石能源排放的 CO_2 所需要的森林面积；③计算以化石能源枯竭的速率重建资源资产替代的形式所需要的土地面积。

（2）建设用地包括各类人居设施和道路占用的土地，人类定居、城市化的发展都会侵占生态生产性土地。由于人类活动往往发生于地球表面肥沃的土地上，建设用地的增加意味着生物生产量和其他服务的降低，对全球生态质量造成了无法挽回的破坏。

（3）耕地主要指提供粮食、纤维、油料等农产品的土地，是生产力最大、积聚生物量最多的一类生态生产性土地。目前全球人均耕地面积严重不足，还面临严重的土地退化、基本农田遭到侵占等引发的弃耕问题。

（4）林地包括可产出木材产品的人造林或天然林，尽管具有防风固沙、涵养水源、调节气候、维持大气水分循环、防止土壤流失、保护物种多样性等诸多生态系统服务，林地的生态生产力主要指提供木材和其他林产品的能力。

（5）草地即适用于发展畜牧业的土地，其生态生产力可通过单位面积提供的畜产品量进行核算。虽然其生产力远不如耕地，但是对生态系统的调节作用不可小觑。

（6）水域包括淡水（河流、淡水湖等）和非淡水（海洋、盐水湖等）两种，当前对人类提供的生态生产力总量不大，一般通过单位面积水产品的产量进行核算。淡水的生态生产品虽然容易获取，但是其水域面积比重小，全球淡水资源极少，因此，淡水提供的生态生产品总量不大。地球上海洋面积虽约占地球面积的 71%，但是人类获取的大部分生态生产量来源于仅占海洋总面积 5%的沿海大陆架地区。盐水湖泊多分布于内陆干旱地区，生态生产量更加稀少。不仅不同类型生态生产性土地的生态生产力不同，同种类型的生态生产性土地的生产力在不同国家和地区之间也存在明显的差异（卢小丽，2011）。在进行生态足迹核算时，不同国家或地区之间的生态生产性土地不能进行直接对比，需要通过转换系数——均衡因子（Rees，1992）和产量因子（Wackernagel et al.，2002）对其进行调整。其中，均衡因子反映不同土地类型间生态生产能力的差异，产量因子表达国家或区域与全球平均土地生产能力的差异。因此，计算一定地区人口消费的所有资源以及吸纳这些人口产生的废弃物所需要的生态生产性土地总面积的一般公式可以表示为：

$$EF = N \cdot ef = N \cdot \Sigma(r_j \cdot \Sigma aa_i) = N \cdot \Sigma(r_j \cdot \Sigma C_i/P_i) \qquad 式 6\text{-}1$$

式中：EF 为总生态足迹；N 为人口数；ef 为人均生态足迹；i 为所消费商品和投入的类型；j=1～6，对应六种土地类型；r_j 为消费商品对应土地类型的均衡因子；aa_i 为人均第 i 种交易商品折算的生态生产性土地面积；C_i 为第 i 种商品的人均消费量；P_i 为第 i 种消费商品的产量因子。

一个地区在不损害区域生产力的前提下，所能提供给人类的生态生产性土地和水域的面积总和称为生态承载力，即一定自然、社会、经济技术条件下某地区所能提供的生态生产性土地的极大值，其计算的一般公式为：

$$EC = N \cdot \Sigma ec_j = N \cdot \Sigma(A'_j \cdot r_j \cdot y_j) \qquad 式 6\text{-}2$$

式中：EC 为总生态承载力；ec_j 为人均生态承载力；A'_j 为第 j 种生态生产性土地人均面积；y_j 为产量因子。

以上计算都是基于以下假设条件：①人类可以确定自身消费的绝大多数资源、能源及其所产生的废弃物的数量；②这些资源和废物流能折算成生产或吸收这些资源和废物流的生物生产面积。生态足迹的主要核算方法有综合法、成分法、投入产出法、能值法、净初级生产力法等等；其中前三种方法最为常用。各类方法都是针对不同的数据获得方式而形成（金书秦等，2009），各有其适用情景和优缺点。

（1）综合法：自上而下获取统计数据，国家尺度常用。该方法用国内生产量加上进口量减去出口量得到全地区总的表观消费量，再将其转化为生产这些资源所需的土地面积，并考虑不同土地类型的生态生产能力不同，用均衡因子调整。其优点在于用国家统计数据计算净消费，不必知道每种消费项目最终使用的资源需求和使用途径，简化了实际问题（Rees，1992）。但其缺点也显而易见：一方面，数据准确性受统计资料的限制，不能准确反映消费对环境的影响（Ferng，2001）；另一方面，忽略了经济活动间的相互联系和产业的依存关系，缺乏结构性，不能准确区分责任（Herendeen，2000）。

（2）成分法：国家以下层级的计算多采用此法（如省市、地方、企业、大学、家庭乃至个人生态足迹核算），以人类衣食住行活动为出发点，先确定一定人口消费的所有项目和数量，再利用生命周期数据计算每个组成项目的生态足迹；核算的是不同生产、消费行为以及从原材料获取到产品最终处置的所有环节对生态系统的影响。成分法最早由西蒙斯（Simmons）和钱伯斯（Chambers）提出，并经由刘易斯（Lewis）和巴雷特（Barett）进一步完善。成分法的优点在于可以尽可能充分考虑消费项目，使结果更接近真实的资源消耗情况（陈冬冬等，2006）；具有一定结构性，可在相同的综合尺度上比较不同组分的环境影响。成分法运用的难点在于很多消费项目本身难以区分和定义，而且不同的生产和消费行为存在较大的差异，增加了统计难度，结果准确性受限于成分列表的完整性和对各组成项目生命周期评估的准确性；此外，具有结构性的成分法运用时不够规范，会出现如组成项目生命周期评估边界值的确定问题、复杂生产链下初级产品和副产品的双重计算等问题（陈冬冬等，2006）。

（3）投入产出法：1998年比克内尔（Bicknell）等首次将投入产出法引入生态足迹研究，提出了土地乘子（land multiplier）概念和基于投入产出表的生态足迹模型（金书秦等，2009）。投入产出法是将自然资源利用和环境污染输出等生物物质信息纳入投入产出表框架中，利用其记录的生产产品消耗的价值流（实物流）来追踪国内最终消费。该方法可包含服务部门的投入，因此较其他方法计算更完整和准确；而且投入产出矩阵系统提供了经济活动、生产过程中的全部投入和产出流向，可以避免双重计算等问题；同时，利用投入产出表提供的信息还可以计量经济变化对环境产生的直接和间接影响。利用投入产出法核算生态足迹的不足之处在于一般国家和区域没有完整而又及时更新的投入产出表。实物投入产出表比货币投入产出表更客观真实反映环境压力，但它的数据获取困难，难以应用于现实的生态足迹计算。

生态足迹核算方法自提出以来，已广泛应用于全球、国家、地区及城市、社区家庭、商业企业和个人生活活动等各级水平。全球层面，威克纳格等（Wackernagel et al.，1997）率先应用生态足迹分析方法，对全球人类可利用的生态空间和生态占用空间两方面进行了测算，分别计算了 1993 年、1995 年、1997 年和 1999 年的全球生态足迹，其研究结果表明：全球绝大部分国家处于生态赤字状态，1999 年全球人均生态承载力仅 2.2 全球公顷，人类的发展已经越来越远离可持续性，生态安全受到进一步威胁。国家尺度的研究可以通过分析一个国家的土地利用特点，指导资源利用策略，最早也出现在 1997 年。威克纳格等（Wackernagel and Rees，1997）计算了世界 52 个国家和地区的生态足迹，研究结果表明，生态足迹最大的是美国，人均 10.9 全球公顷，孟加拉国人均生态足迹最低，仅 0.6 全球公顷；1997 年，我国人均生态足迹 1.2 全球公顷，而人均生态承载力仅 0.8 全球公顷，人均生态赤字 0.4 全球公顷。根据全球生态足迹网站 Global Footprint Network 研究结果，2010 年中国人均生态足迹 2.2 全球公顷，人均生态承载力 1.0 全球公顷，人均生态赤字 1.2 全球公顷，可以看出，中国人均生态足迹在持续增长，导致生态赤字现象越来越严重。城市层面，威克纳格等（Wackernagel et al.，1999a）将生态足迹指标应用于瑞典及其亚区，改进了生态足迹与生态承载力的计算方法；范维伦和斯梅茨（Vuuren and Smeets，2000）计算与分析了贝宁、不丹、哥斯达黎加与荷兰等国家的生态足迹；摩尔等（Moore et al.，2013）从城市代谢和生态足迹角度分析了渥太华新城各资源组成的生态足迹，研究结果表明其总生态足迹是渥太华地区面积的 36 倍。

三、三维生态足迹模型

1992 年生态足迹概念首次被提出至今，足迹核算模型不断被完善和修正，足迹分析方法不断改进，生态足迹的内涵与外延也日益扩展。2009 年，意大利学者尼克鲁奇（Niccolucci）和加拿大生态经济学家威克纳格通过引入两个新指标——生态足迹深度和生态足迹广度，将原来的二维模型拓展到三维。

经典的二维模型将生态足迹视为一条封闭曲线（圆），由内圆（生态承载力）和圆环（生态赤字）相加得到（图 6–1a）；而三维模型将生态足迹视为一个圆柱体，由底面（足迹广度）与柱高（足迹深度）相乘得到（图 6–1b）。从绝对数值上讲，二维模型与三维模型对生态足迹的核算值相等，两个维度上的模型可以通过若干指标和公式相互转化（Niccolucci et al.，2009）。相较而言，三维模型兼具空间属性和时间属性，在反映代内公平和代间公平等方面具有独到的优势（方恺，2013）。

生态足迹模型把生态生产性土地作为产生有形资产和无形服务的自然资本。在该模型中，*EF* 表示对自然资本的需求，而可获得的生态承载力 *BC* 则表示自然资本的供给，通过二者的比较我们可以判断人类对自然资本的占用是否可持续。其中，自然资本包括两部分：自然资本流量和自然资本存量。前者用以产生年际可更新资源和服务，当流量不足时，存量资本会被消耗加以补充（Daly，1994）。自然资本存量减少被认为是环境不

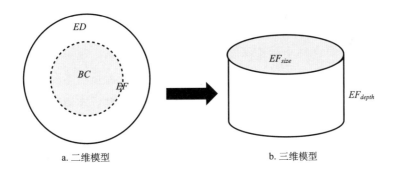

a. 二维模型　　　　　　　　　　b. 三维模型

EF：生态足迹；*BC*：生态承载力；*ED*：生态赤字；EF_{depth}：足迹深度；EF_{size}：足迹广度

图 6-1　生态足迹模型由二维向三维演变

资料来源：Niccolucci et al.（2009）。

可持续的重要证据（Ekins et al.，2003；Niccolucci et al.，2007）。然而，由于未专门区分自然资本存量或流量的类型，经典的（或传统的）生态足迹模型在反映资本存量恒定对可持续发展作用方面有所欠缺。因此，三维生态足迹模型（^{3D}EF）应运而生（Niccolucci et al.，2009，2011），在 ^{3D}EF 模型中，基础指标生态足迹深度 EF_{depth} 和生态足迹广度 EF_{size} 在区分并追踪自然资本存量消耗或流量占用方面发挥了关键作用。

　　三维模型自从被提出就引起了同领域研究者的兴趣，资本流量占用率、资本存量流量利用比、人均历史累计足迹广度、足迹广度基尼系数等概念相继被提出，丰富了生态足迹三维模型的理论内涵和指标体系。

　　如上所述，足迹深度和足迹广度是三维模型中的两个基本概念。足迹深度 EF_{depth} 表示为维持区域现有资源消费水平，理论上所需占用的区域土地面积的倍数，它表征人类消耗自然资本存量的程度以及人类对超出生态承载力部分资源的累积需求，具有时间属性；也可表征同一区域不同时期资源消费和生态服务的公平性。其计算公式为：

$$EF_{depth} = \frac{EF}{BC} = \frac{BC+ED}{BC} = 1 + \frac{ED}{BC} \qquad \text{式 6-3}$$

其中：1 表示自然深度；$EF_{depth} \geqslant 1$；当 $EF \leqslant BC$ 时，$EF_{depth}=1$。

　　足迹广度 EF_{size} 表示在区域生态承载力限度内，实际占用的生态生产性土地的面积，它表征人类占用自然资本流量的水平，取值范围为：$0 < EF_{size} \leqslant BC$。其计算公式为：

$$EF_{size} = \frac{EF}{EF_{depth}} \qquad \text{式 6-4}$$

当 $EF_{depth}=1$ 时，$EF_{size}=BC$。

　　生态足迹深度和生态足迹广度具有如下关系：

（1）为最大限度地维持可持续发展，应尽可能地降低对存量资本的依赖程度并提高自然资本的流动性，即总体上足迹深度越小、足迹广度越大，越可持续。

（2）足迹深度反映存量资本利用水平，足迹广度反映流量资本利用水平，而实际上存量资本与流量资本的利用水平总体上呈现互补态势。自然资本流动性较强的区域，一般对存量资本的依赖程度相对较低；反之亦然。

（3）随着经济社会的发展，某特定区域在由可持续到不可持续的过程中可能对应如下变化：在 $EF \leqslant BC$ 的阶段，足迹广度 EF_{size} 会逐渐增大，足迹深度 EF_{depth} 不变；当 $EF > BC$ 时，流量资本不能满足人类对自然资本的需求，只能通过消耗资本存量以弥补不足，足迹深度 EF_{depth} 会逐年增大（代表资本存量的消耗加快），资本存量的消耗加快会反作用于生态承载力 BC 使其下降，足迹广度 EF_{size} 相应逐渐减小。生态足迹柱状体的变化反映了生态环境的压力和压强越来越大（图6–2）。

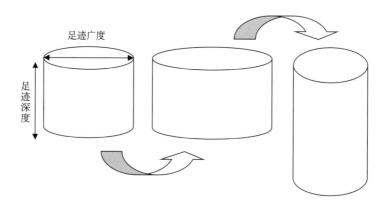

图6–2　生态足迹柱状示意

^{3D}EF 模型虽仅诞生于2009年，但却越来越被广泛应用。例如，该模型的创始人尼克鲁奇等（Niccolucci et al.，2011）分析了全球尺度 EF_{depth} 和 EF_{size} 在1961～2006年的变化趋势并讨论了 ^{3D}EF 模型应用于国家尺度足迹核算的有效性，提供了追踪生态承载力来源及流量存量压力所在的理论基础，对于政策制定者有效管理自然资本的供需很有帮助。方恺等（2013，2014，2015）对尼克鲁奇的计算方法在某些方面存在质疑，认为不同类型生态生产性土地的生态赤字或生态盈余在累加的过程中可能存在抵消，从而影响足迹深度真实的严峻性，弱化自然资本供需之间的矛盾。基于此，方恺等人对原始三维足迹模型作出改进并将改进的三维模型应用于不同尺度的自然资本利用空间格局研究中，涉及从中国境内的省域尺度到全球范围的国家尺度。

第二节　基于足迹核算的自然资本可持续利用评估框架

一、自然资本及其可持续利用

自然资本是影响可持续性水平的关键因素（Costanza and Daly，1992）。相对缓慢的资源更新速度越来越无法满足人类快速膨胀的物质需求（Tiezzi，2002），这一矛盾成为阻碍社会可持续发展的现实威胁。因此，如何量化人类对自然资本的需求以及自然资本的供给能力，是可持续发展研究领域的优先课题（Wackernagel et al.，2004）。

自然资本是指能提供产品流或服务流的自然收益和自然资源贮藏，主要包括流量资本和存量资本两部分。其中，流量资本维持着年际可再生资源流及生态系统服务的供给，在其不足时，存量资本将作为补充而消耗。生态经济学家戴利（Daly）借鉴热力学熵定律，提出了可持续发展需要遵循的三项基本准则：①可再生资源（如生物资源）的占用速度不应快于其再生速度；②不可再生资源（如化石燃料）的消耗速度不应快于相应可再生资源的替代速度；③污染和废弃物的排放速度不应快于生态系统无害化处理的速度。简言之，只要自然资本存量不减少，即使资本流量被完全占用，仍符合可持续发展的最低限度。经典的生态足迹二维模型及其系列改进模型，尽管均承认自然资本在可持续发展中的重要性，但关注点主要在流量而非存量（Niccolucci et al.，2009），无法体现自然资本存量恒定对维持全球生态系统稳定性所起的关键作用。与二维模型相比，三维模型基于戴利准则，区分并追踪自然资本存量的消耗与自然资本流量的占用，将资本存量是否减少及减少程度作为判断可持续强弱的基本依据，对可持续发展的核心议题作出了更好的解释和回答，丰富了生态足迹的理论内涵。

二、自然资本可持续利用的"生态—公平—效率"评估框架

有效的配置（效率）、公平的分配（公平）、可持续的规模（生态可持续范围内的社会发展和资源占用）向来被看作生态经济学的基本目标（Daly，1994）。在已有的研究中，基于 ^{3D}EF 模型的自然资本测度与核算主要集中于可持续规模方面，而在资源有效配置和公平分配上关注不足。与三维足迹模型和自然资本有关的研究多侧重于围绕 EF_{depth} 和 EF_{size} 的本质内涵，刻画特定区域资本利用的整体规模、区域内部分异及生态持续性现状（例如，EF_{depth} 本身即反映了为满足当地需求而额外需要的土地，EF_{depth} 超过原长则表明该区处于生态超载、自然资本占用不可持续），对于其他诸多重要方面关注不够，例如本

地资本占用的外部性、自然—社会—经济耦合系统中子区域间资本占用的公平性、区域维持资本利用现状的潜在可能性、自然资本消费（甚至耗竭）的社会收益等。为了从生态经济学视角出发，实现对自然资本利用及其可持续性的更为全面的理解，有必要将资本利用的公平性及效率测度与资本利用的生态可持续性分析结合起来，建立一个涵盖"生态—公平—效率"的多维度框架。

本研究中，自然资本可持续利用评价从"生态—公平—效率"三方面展开（图6-3），与生态经济学的基本内涵保持一致。其中，"生态"（ecology）层面关注生态可持续性，即基于两个基础指标 EF_{depth} 和 EF_{size}（分别表征存量资本和流量资本的占用）评估特定区域的自然资本消费规模及生态承载现状。考虑到资本存量恒定在维持生态可持续中的关键作用，我们认为生态可持续的水平（或程度）与流量资本完全占用下是否动用了存量资本及存量资本消耗多少密切相关。

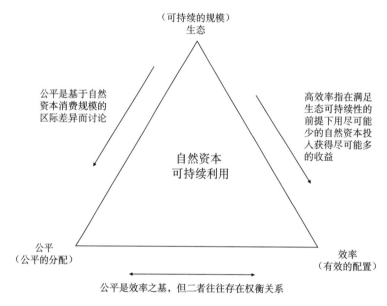

图 6-3　自然资本可持续利用评估框架

资料来源：Peng et al.（2015）。

"公平"（equity）关注自然资本利用和配置的均衡程度。"Equity"的概念与"fairness"和"justice"的思想紧密联系（Konow，2001），有时候甚至难以对其做出区分。"Equity"植根于可持续规模（sustainable scale），可以由足迹广度基尼系数和足迹深度变异系数加以衡量，足迹广度基尼系数和足迹深度变异系数分别由足迹广度 EF_{size}（表征空间公平）和足迹深度 EF_{depth}（表征时间公平）二次衍生得到。公平旨在从维持资本利用现状格局的可能性解释自然资本利用的可持续状况。

"效率"（efficiency）主要关注人类需求被满足的程度和自然资本被占用的程度之间的相对关系。有效率则表现为在尽可能强的生态可持续状况下，以尽可能少的自然资本投入获得尽可能高的人类社会福祉的收益。公平是效率的源泉，尽管有时二者存在权衡或冲突的可能。

第三节　基于足迹深度和足迹广度的自然资本生态持续性

一、研究区概况与数据来源

北京市是我国人口密度较大的城市之一。人口数量多，密度大，人口总量保持低速增长是北京市人口规模的发展趋势。据 2011 年北京市统计年鉴，截至 2010 年年底，北京市户籍人口数 1 257.8 万人，常住人口密度 1 195 人/平方千米。2010 年，北京市地区生产总值 14 113.6 亿元。按常住人口计算，人均生产总值 75 943 元/人。1992～2010 年，北京市 GDP 环比增长速度有 15 年在 10%以上，增长势头较全国 GDP 增长速度更胜一筹（李冰，2012）。

2010 年北京行政区划分为 14 区 2 县，撤销北京市东城区、崇文区，设立新的北京市东城区；撤销北京市西城区、宣武区，设立新的北京市西城区。2015 年，北京市撤销密云、延庆两县，设立北京市密云区、延庆区。由于本研究以 2010 年数据为基础，故在下文仍以"区县"来进行相关表述。14 区 2 县自然禀赋、经济发展状况各异，依据功能定位被划分为四大功能区：

（1）首都功能核心区：包括新东城区、新西城区两个区。该区域集中体现北京作为我国政治、文化中心功能，集中展现古都特色，是首都功能及"四个服务"的最主要载体。

（2）城市功能拓展区：包括朝阳、海淀、丰台、石景山四个区。该区域涵盖中关村科技园区核心区、奥林匹克中心区、北京商务中心区等重要功能区，是体现北京现代经济与国际交往功能的重要区域。

（3）城市发展新区：包括通州、顺义、大兴、昌平、房山五个区。该区域平原面积广阔，具有良好的自然环境、资源条件和得天独厚的区位优势，是北京发展制造业和现代农业的主要载体，也是北京疏散城市中心区产业与人口的重要区域，是未来北京经济重心所在。

（4）生态涵养发展区：包括门头沟、平谷、怀柔、密云、延庆五个区县。该区域大多处于山区或浅山区，山区占辖区面积均在 62%以上，是北京的生态屏障和水源保护地，是保证北京可持续发展的关键区域。

北京作为中国首都及政治经济文化中心，随着社会经济的快速发展、外来人口的大量聚集，其城市生态系统也承受了越来越大的负担（王银洁，2011）。北京市政府在 2009 年年底提出北京要"瞄准建设世界城市"，着眼于世界城市的长远方向；与此同时，北京地区资源相对贫乏的客观事实不容乐观。随着经济的持续增长，北京市有限的土地供给越来越无法满足人们对资源需求的扩大，生态资源的局限性是北京实现可持续发展的"瓶颈"之一（李冰，2012）。因此，对北京生态问题的研究尤其是对生态资源利用情况的定量研究就显得格外重要。

本节采用数据来源于《北京区域统计年鉴 2011》《北京统计年鉴 2011》《中国能源统计年鉴 2011》《中国 2010 年人口普查分县资料》《北京市 2010 年人口普查资料》《北京市 2010 年人口普查资料乡、镇、街道卷》《北京教育年鉴 2011》及北京市各区县 2010 年统计年鉴。主要农业初级产品的全球平均产量和各项消费项目对应的生态生产性土地类型来自《生态足迹模型的改进与应用》（谢鸿宇等，2008）。所有生态足迹均为消费性生态足迹，即依据区域的年际资源消费量计算生态生产性土地面积。生态承载力则依据《北京市 2008 年土地变更调查各区县地类数据汇总表》得到。考虑到数据的可获得性，本研究计算的北京市 2010 年生态足迹账户包括生物资源消费、建设用地（非水电）消费、能源消费三部分。均衡因子参照世界生态足迹网站 2010 年国家账户生态足迹核算方法指南（表 6-1），产量因子引自刘某承等（2010）（表 6-2）。

表 6-1 各类生态生产性用地的均衡因子

土地类型	均衡因子
耕地	2.51
草地	0.46
林地	1.26
建设用地	2.51
水域	0.37
化石能源用地	1.26

表 6-2　各类生态生产性用地的产量因子

土地类型	产量因子
耕地	1.74
草地	0.51
林地	0.86
建设用地	1.74
水域	0.74
化石能源用地	0.00

二、生态足迹与承载力

生态足迹即生态需求，是人类对自然资源的利用程度。从自然资源的角度来看，某一地区人口消费的原材料不外乎可以分为生物资源和能源资源两种（王银洁，2011）。本章节对生态足迹的计算中，生物资源主要包括粮食、豆制品、蔬菜、植物油、猪肉、牛羊肉、家禽、蛋类、奶及奶制品、水产品、食糖、酒类、茶叶、干鲜瓜果和木材；能源资源主要包括煤炭、焦炭、汽油、煤油、柴油、燃料油、原油、天然气、电力，各类生物或能源资源的消费性足迹所对应的生态生产性土地类型参见谢鸿宇等（2008）。除此之外，人口对自然资源的占用还包括被人类生活工作等活动占用的建筑用地。总之，对城市生态足迹的核算应该包括三个部分：生物资源消费的生态足迹、能源资源消耗的生态足迹和建设用地占用的生态足迹。

生物资源的生态足迹核算分为食物和木材两部分。食物生态足迹的计算方式为，先根据北京市城镇居民和农村居民食品支出的比例以及各区县城镇居民和农村居民的人口比例，计算得到各区县人均生物资源消费量，得出北京市各区县对 14 种食品的人均消费量；继而基于每种食品的全球平均生产力水平，结合我国实际，在联合国粮农组织所提供的数据基础上，重新计算我国主要农产品的全球平均产量。通过式 6-5 就可以求出作为食品的生物资源消费的人均生态足迹，结果如表 6-3 所示。

$$人均生态足迹 = 人均消费量 \div 全球平均产量 \times 均衡因子 \qquad 式 6-5$$

考虑到数据的可得性以及北京市实际木材消费特点，本节主要核算建筑业消耗木材和建筑装饰装修消耗木材的生态足迹。建筑用材需求量取决于各类建筑（生产建筑、公共建筑和住宅）的竣工面积及其木材消耗强度，前者来自于《北京区域统计年鉴 2011》，后者参考《民用建筑技术经济指标》一书中确定的建筑业木材消耗系数 0.025 立方米/平方米。建筑装饰装修木材消耗系数则取中国室内装饰协会专业人士估计的 0.0325 立方米/平方米，结果见表 6-4。

表 6-3　北京市分区县食品消费人均生态足迹（用均衡因子调整）　　单位：全球公顷

区县	农村居民			城镇居民			合计[1]		
	耕地	草地	水域	耕地	草地	水域	耕地	草地	水域
东城区	0.0000	0.0000	0.0000	0.1790	0.0357	0.0014	0.1790	0.0357	0.0014
西城区	0.0000	0.0000	0.0000	0.1690	0.0337	0.0013	0.1690	0.0337	0.0013
朝阳区	0.1484	0.0296	0.0011	0.1654	0.0330	0.0013	0.1654	0.0330	0.0013
丰台区	0.1916	0.0382	0.0014	0.1813	0.0362	0.0014	0.1814	0.0362	0.0014
石景山区	0.0000	0.0000	0.0000	0.1736	0.0346	0.0013	0.1736	0.0346	0.0013
海淀区	0.1622	0.0324	0.0012	0.1579	0.0315	0.0012	0.1580	0.0315	0.0012
房山区	0.1572	0.0314	0.0012	0.1696	0.0338	0.0013	0.1655	0.0330	0.0013
通州区	0.1587	0.0316	0.0012	0.1821	0.0363	0.0014	0.1730	0.0345	0.0013
顺义区	0.1851	0.0369	0.0014	0.1893	0.0378	0.0014	0.1873	0.0374	0.0014
昌平区	0.1475	0.0294	0.0011	0.1700	0.0339	0.0013	0.1653	0.0330	0.0013
大兴区	0.1556	0.0310	0.0012	0.1791	0.0357	0.0014	0.1722	0.0344	0.0013
门头沟区	0.1797	0.0358	0.0014	0.1727	0.0344	0.0013	0.1737	0.0346	0.0013
怀柔区	0.1704	0.0340	0.0013	0.1677	0.0334	0.0013	0.1685	0.0336	0.0013
平谷区	0.1450	0.0289	0.0011	0.1818	0.0363	0.0014	0.1645	0.0328	0.0012
密云县	0.1678	0.0335	0.0013	0.1598	0.0319	0.0012	0.1634	0.0326	0.0012
延庆县	0.1810	0.0361	0.0014	0.1737	0.0346	0.0013	0.1774	0.0354	0.0013

注：①各区县合计的食品消费人均生态足迹是由各区县农村居民食品消费人均生态足迹、各区县城镇居民食品消费人均生态足迹、各区县农村人口与城镇人口比例计算得到。其中，各区县农村人口与城镇人口比例由《中国 2010 年人口普查分县资料》得到。

表 6-4　北京市分区县木材消费人均生态足迹（用均衡因子调整）

区县	房屋建筑 竣工面积 （万平方米）[1]	木材消耗量 （立方米）[2]	木材消费 生态足迹 （公顷）	常住人口 （万人）	木材消费 人均足迹 （公顷）	木材消费 人均足迹 （全球公顷）[3]
东城区	99.3640	57134.3000	1731645.8622	91.9000	0.0883	0.1113
西城区	85.5021	49163.7075	44023.9636	124.3000	0.0479	0.0604
朝阳区	915.0723	526166.5955	37882.3451	354.5000	0.0305	0.0384
丰台区	317.0647	182312.2025	405429.6467	211.2000	0.1144	0.1441
石景山区	103.6185	59580.6375	140477.8876	61.6000	0.0665	0.0838
海淀区	345.3187	198558.2238	45908.9517	328.1000	0.0745	0.0939
房山区	322.8078	185614.4620	152996.0115	94.5000	0.0466	0.0588
通州区	322.8612	185645.1958	143022.3933	118.4000	0.1513	0.1907
顺义区	327.0095	188030.4453	143046.0747	87.7000	0.1208	0.1522

续表

区县	房屋建筑竣工面积（万平方米）[1]	木材消耗量（立方米）[2]	木材消费生态足迹（公顷）	常住人口（万人）	木材消费人均足迹（公顷）	木材消费人均足迹（全球公顷）[3]
昌平区	245.9189	141403.3675	144883.9923	166.1000	0.1652	0.2082
大兴区	393.9941	226546.6075	108956.2086	136.5000	0.0656	0.0827
门头沟区	46.5549	26769.0388	174562.0338	29.0000	0.1279	0.1611
怀柔区	83.1854	47831.6050	20626.4746	37.3000	0.0711	0.0896
平谷区	107.4116	61761.6873	36855.9139	41.6000	0.0988	0.1245
密云县	89.9777	51737.1488	47589.5263	46.8000	0.1144	0.1441
延庆县	50.0178	28760.2063	39865.2710	31.7000	0.0852	0.1073

注：①各区县房屋建筑竣工面积取自《北京区域统计年鉴 2011》提供的《全社会房屋建筑施工及竣工面积》，此统计表为全社会口径，包括城镇、房地产开发、农村农户和非农户数据。②木材消耗量包括建筑业木材消耗与建筑装饰装修木材消耗两部分，分别由各自的木材消耗强度系数乘以房屋建筑竣工面积得到。其中，建筑业木材消耗系数取 0.025 立方米/平方米，建筑装饰装修木材消耗系数取 0.0325 立方米/平方米。③木材消费人均足迹是由前一列乘以均衡因子得到，林地的均衡因子为 1.26。

计算能源资源消费足迹，首先需要根据各种能源的消费量及其平均低位发热量计算出各种能源的总热量，然后由每一类能源的总热量除以对应的能源足迹因子（单位空间占用面积的能源热值）得到每一类能源的足迹。在本研究中，平均低位发热量参见《中国能源统计年鉴》提供的《中国 2010 年各种能源折算参考系数统计》，能源足迹因子则取自威克纳格等（Wackernagel et al.，1999b）的研究结果，表 6-5 为北京市各区县能源消费结果。

表 6-5　北京市分区县能源消费的人均生态足迹（用均衡因子调整）

区县	能源消费总量（万吨标准煤）[1]	常住人口（万人）	人口权重[2]	能源消费权重[3]	人均能源足迹（公顷）[4]	人均能源足迹（全球公顷）[5]
全市	6524.9000	1961.2000	1.0000	1.0000	1.4154	1.7834
东城区	276.7000	91.9000	0.0469	0.0424	1.2809	1.6140
西城区	411.9000	124.3000	0.0634	0.0631	1.4098	1.7763
朝阳区	1000.5000	354.5000	0.1808	0.1533	1.2007	1.5129
丰台区	383.0000	211.2000	0.1077	0.0587	0.7715	0.9721
石景山区	631.3000	61.6000	0.0314	0.0968	4.3600	5.4935
海淀区	800.8000	328.1000	0.1673	0.1227	1.0384	1.3083
房山区	867.8000	94.5000	0.0482	0.1330	3.9067	4.9225
通州区	278.6000	118.4000	0.0604	0.0427	1.0011	1.2613

续表

区县	能源消费总量 （万吨标准煤）①	常住人口 （万人）	人口 权重②	能源消费 权重③	人均能源足迹 （公顷）④	人均能源足迹 （全球公顷）⑤
顺义区	850.0000	87.7000	0.0447	0.1303	4.1233	5.1954
昌平区	317.9000	166.1000	0.0847	0.0487	0.8142	1.0259
大兴区	291.1000	136.5000	0.0696	0.0446	0.9073	1.1432
门头沟区	72.5000	29.0000	0.0148	0.0111	1.0636	1.3401
怀柔区	100.4000	37.3000	0.0190	0.0154	1.1451	1.4429
平谷区	99.0000	41.6000	0.0212	0.0152	1.0124	1.2757
密云县	93.4000	46.8000	0.0239	0.0143	0.8490	1.0698
延庆县	50.0000	31.7000	0.0162	0.0077	0.6710	0.8455

注：①表中的全市能源消费总量6 524.9000万吨标准煤为16个区县的能源消费总量之和，不包括北京经济技术开发区的能源消费，与《北京区域统计年鉴2011》提供的《能源基本情况（2010年）》中全市能源消费总量6 954.1000万吨标准煤不等。②各区县人口权重定位为各区县常住人口占全市常住人口的比例。③各区县能源消费权重定义为各区县能源消费总量与全市能源消费总量（6 524.9000万吨标准煤）的比值。④各区县人均能源足迹与各区县能源消耗总量成正比，与各区县常住人口总数成反比，故：各区县人均能源消费足迹=北京市人均能源消费足迹×各区县能源消费权重/各区县人口权重。其中，北京市人均能源消费足迹由表6-6中北京市各类能源的人均消费足迹相加得到。⑤人均能源足迹（全球公顷）由前一列乘以碳吸收用地的均衡因子1.26得到。

建设用地包括各种人居设施及道路所占用的土地，具体计算方法见式6-6，结果如表6-6所示。

$$人均生态足迹=建设用地总计（公顷）÷常住人口×建设用地均衡因子\qquad 式6-6$$

表6-6　北京市分区县建设用地占用的人均生态足迹（用均衡因子调整）

区县	建筑用地 （平方千米）	常住人口 （万人）	人均生态足迹 （公顷）	人均足迹 （全球公顷）
东城区	41.8600	91.9000	0.0046	0.0114
西城区	50.5300	124.3000	0.0041	0.0102
朝阳区	308.9300	354.5000	0.0087	0.0219
丰台区	203.2600	211.2000	0.0096	0.0242
石景山区	49.4400	61.6000	0.0080	0.0201
海淀区	229.2400	328.1000	0.0070	0.0175
房山区	350.5500	94.5000	0.0371	0.0931
通州区	309.0200	118.4000	0.0261	0.0655
顺义区	328.2400	87.7000	0.0374	0.0939
昌平区	365.2000	166.1000	0.0220	0.0552

续表

区县	建筑用地 （平方千米）	常住人口 （万人）	人均生态足迹 （公顷）	人均足迹 （全球公顷）
大兴区	311.9400	136.5000	0.0229	0.0574
门头沟区	95.3500	29.0000	0.0329	0.0825
怀柔区	133.3700	37.3000	0.0358	0.0897
平谷区	126.9800	41.6000	0.0305	0.0766
密云县	329.5200	46.8000	0.0704	0.1767
延庆县	143.7300	31.7000	0.0453	0.1138

核算各区县人均生态足迹及其组分构成（图6-4），可以看出，与北京市其他区县相比，房山、顺义、石景山的人均生态足迹明显较高。原因主要是房山、顺义、石景山的能源消耗总量相对较多，总人口相对较少，导致这三个区县的人均能源消费足迹值较高；而在生态足迹六种组分中，化石能源用地面积对足迹值贡献最大，北京市16个区县化石能源用地面积占各自人均生态足迹的比例均在60%以上，而房山、顺义、石景山则高达90%。进一步分析可发现，房山、顺义、石景山的能源消耗现状与本地产业发展现状有密切关系。区内经济的重工业比重大、重工业生产耗能多、万元地区生产总值能耗高、地区生产总值增长对能源消耗的依赖程度较强是上述三个区县的共同特点。

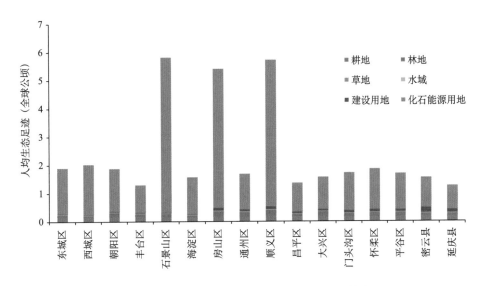

图6-4　北京市分区县人均生态足迹及其组分构成

生态承载力即生态潜力与供给，是自然界为人类提供的生命支持功能，表征生态容限。研究区的生态承载力由研究区域各类生态生产性的面积用产量因子加以调整后汇总得到，计算公式如下：

各类生态生产性土地的人均生态承载力

=各类生态生产性土地的总面积÷常住人口×均衡因子×产量因子×（1–12%）　式 6–7

各区县人均生态承载力=∑各类生态生产性土地的人均生态承载力　　　式 6–8

各区县人均生态承载力及其组分如图 6–5 所示，东城、西城、石景山作为无农村人口、无第一产业的区县，基本上没有生物资源的生产能力，对各类食物、木材的需求只能依赖外界供给，土地利用类型以建设用地为主，加之人口密集，故其人均生态承载力水平最低；海淀、房山、丰台、通州、顺义、昌平、房山等区县平原面积广阔、自然资源条件优厚，适于作为城市建设和农业发展的集中地区，人口密度适中，其人均生态承载力居中；北京山区区县中，怀柔、密云、平谷、延庆的林地和水域面积相对较多，是北京市重要的生态屏障和水源保护地，加之人口压力较小，故其人均生态承载力较其他区县更大，而门头沟由于自然资源禀赋先天性较差，尽管人口稀少但人均生态承载力水平不高；大兴的耕地总面积居全市之首，加之大兴人口密度适中，故大兴的人均生态承载力位居全市之首。

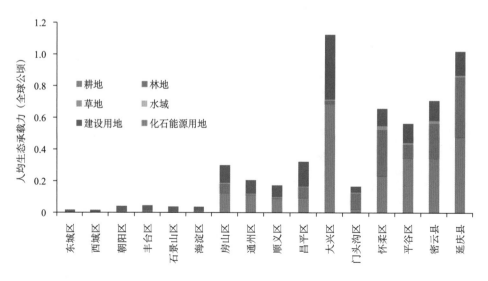

图 6–5　北京市分区县人均生态承载力及其组分构成

生态赤字是生态足迹与生态承载力的差值。将生态足迹与生态承载力相比较，若区域人口的消费生态足迹超出其可用的本地生态承载力，则称该区域处于生态赤字状态；

若区域可利用的本地生态承载力大于该区域人口的消费生态足迹，则称该区域处于为生态盈余状态。生态赤字计算公式如下，人均生态赤字定义为正值；若该值为负，则表示处于生态盈余状态。

$$人均生态赤字=人均生态足迹-人均生态承载力 \qquad 式6-9$$

表6-7详细列出了北京市各区县人均生态赤字计算结果，16个区县均存在生态赤字，不同区县生态承载力量缺口大小不同；其次，生态赤字作为一个绝对数值，同时受区县自身资源禀赋（主要是生态生产性土地面积，与生态承载力关联）及区县资源消费程度（由生态足迹表征）的影响，区域之间横向比较时不能用生态赤字简单说明问题，因为相同的生态赤字对于经济发达或经济落后的地区而言具有不同的意义。

表6-7　北京市分区县人均生态赤字分土地类型汇总　　　　单位：全球公顷

区县	耕地	林地	草地	水域	建设用地	化石能源用地	人均生态赤字合计
东城区	0.1790	0.0604	0.0357	0.0014	−0.0061	1.6140	1.8843
西城区	0.1690	0.0384	0.0337	0.0013	−0.0054	1.7763	2.0133
朝阳区	0.1592	0.1427	0.0330	0.0011	−0.0116	1.5129	1.8372
丰台区	0.1739	0.0824	0.0360	0.0012	−0.0125	0.9721	1.2532
石景山区	0.1710	0.0899	0.0346	0.0012	−0.0107	5.4935	5.7795
海淀区	0.1512	0.0557	0.0315	0.0011	−0.0093	1.3083	1.5385
房山区	0.0094	0.1172	0.0285	−0.0001	−0.0473	4.9225	5.0302
通州区	0.0430	0.1461	0.0345	−0.0003	−0.0348	1.2613	1.4498
顺义区	0.0179	0.1954	0.0362	−0.0007	−0.0494	5.1954	5.3948
昌平区	0.1166	0.0451	0.0325	0.0006	−0.0277	1.0259	1.1931
大兴区	0.0262	0.1562	0.0342	0.0007	−0.0300	1.1432	1.3304
门头沟区	0.0996	−0.2444	0.0206	0.0002	−0.0390	1.3401	1.1771
怀柔区	−0.0900	−0.2057	0.0131	−0.0009	−0.0332	1.4429	1.1262
平谷区	−0.1452	0.0658	0.0283	−0.0010	−0.0346	1.2757	1.1889
密云县	−0.1809	−0.1156	0.0192	−0.0006	0.0497	1.0698	0.8417
延庆县	−0.3004	−0.2936	0.0282	0.0003	−0.0383	0.8455	0.2416

为了增强不同区县之间的横向可比性，本节借鉴谌伟等（2008）提出的人均生态协调系数 DS 以弥补生态赤字分析的不足。其公式如下：

$$DS = (ec+ef)/\sqrt{ef^2 + ec^2} \qquad 式6-10$$

式中：ec 为区域人均生态承载力；ef 为区域人均生态足迹。

区域人均生态协调系数 DS 作为衡量生态协调的重要指标，同时考虑了本地资源消耗（与 ef 关联）与资源供给（与 ec 关联），其从数学值域说明地区生态可持续性状况：当 ec 与 ef 相差越大时，DS 越接近 1（极小值），说明协调发展程度越差；ec 与 ef 越接近时，DS 越接近 1.414（极大值），说明区域协调发展程度越好。

本节分别计算了北京市各区县的区域人均生态协调系数，结果如表 6-8 所示。从生态角度看经济发展状况，延庆、密云等区县发展较为协调，而东城、西城、石景山等发达区县经济发展欠合理，其他区县处于中间状态。

表 6-8　北京市分区县人均生态协调系数 DS

区县	东城区	西城区	朝阳区	丰台区	石景山区	海淀区	房山区	通州区
DS	1.0092	1.0077	1.0217	1.0346	1.0064	1.0231	1.0539	1.1140
区县	顺义区	昌平区	大兴区	门头沟区	怀柔区	平谷区	密云县	延庆县
DS	1.0299	1.2033	1.3954	1.0920	1.2763	1.2647	1.3253	1.4064

各区县生态足迹、生态承载力及生态赤字的人均值和总值见表 6-9，可以看出，各区县总生态承载力、总生态赤字的分布趋势与人均生态承载力、人均生态赤字的分布趋势差异不大。各区县的各项二维足迹指标的排序位次在总值、人均值两种情形下没有特别明显的变化，而不同区县之间足迹大小的排序方面，总值和人均值呈现出的趋势则不完全符合。如朝阳、海淀的总生态足迹位于全市前两位，而人均生态足迹的排序则明显后移，这一方面与区县总人口数有关（朝阳和海淀的总人口数也位于全市前两位），另一方面与区县的产业结构和产业能源效率有关。但从各区县总生态足迹分生态生产性土地类型的核算结果（图 6-6）可以看出，能源消耗仍对生态足迹贡献最大。

将各区县的消费性人均生态足迹按生态生产性土地类型汇总，并基于此核算出四大功能区的消费性人均足迹以及总值。其中，功能区的各项足迹值均为功能区所辖区县足迹值的加权平均和，权重为功能区所辖的各区县的常住人口数。生态承载力和生态赤字也以同样的方式对各功能区进行核算。北京市四大功能区的生态足迹、生态承载力及生态赤字的人均值和总值见表 6-10。

表6-9　北京市分区县生态足迹、生态承载力及生态赤字

区县	人口（万人）	生态足迹		生态承载力		生态赤字	
		人均（全球公顷）	总值（万全球公顷）	人均（全球公顷）	总值（万全球公顷）	人均（全球公顷）	总值（万全球公顷）
东城区	91.90	1.90	174.78	0.02	1.61	1.88	173.18
西城区	124.30	2.03	252.19	0.02	1.94	2.01	250.25
朝阳区	354.50	1.88	665.96	0.04	14.61	1.84	651.32
丰台区	211.20	1.30	274.37	0.05	9.67	1.25	264.65
石景山区	61.60	5.82	358.33	0.04	2.31	5.78	356.02
海淀区	328.10	1.58	516.86	0.04	12.11	1.54	504.78
房山区	94.50	5.41	510.88	0.30	28.35	5.03	475.35
通州区	118.40	1.69	199.84	0.21	24.45	1.45	171.66
顺义区	87.70	5.72	501.96	0.17	15.22	5.39	473.12
昌平区	166.10	1.36	226.46	0.32	53.55	1.19	198.16
大兴区	136.50	1.57	214.25	1.13	153.66	1.33	181.61
门头沟区	29.00	1.72	49.93	0.17	4.85	1.18	34.14
怀柔区	37.30	1.86	69.40	0.66	24.56	1.13	42.01
平谷区	41.60	1.69	70.51	0.56	23.47	1.19	49.46
密云县	46.80	1.55	72.59	0.71	33.20	0.84	39.39
延庆县	31.70	1.26	39.99	1.02	32.33	0.24	7.66

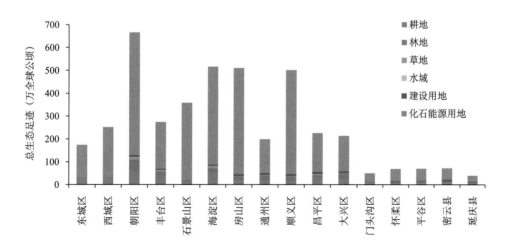

图6-6　北京市分区县生态足迹组分构成

表 6–10　北京市分功能区生态足迹、生态承载力及生态赤字

功能区	人口（万人）	生态足迹		生态承载力		生态赤字	
		人均（全球公顷）	总值（万全球公顷）	人均（全球公顷）	总值（万全球公顷）	人均（全球公顷）	总值（万全球公顷）
首都功能核心区	216.20	1.97	426.98	0.02	3.55	1.95	423.43
城市功能拓展区	955.40	1.90	1 815.52	0.04	38.70	1.86	1 776.78
城市发展新区	603.20	2.74	1 653.38	0.25	275.23	2.49	1 499.90
生态涵养发展区	186.40	1.62	302.41	0.70	118.41	0.92	172.65

北京市四大功能区中，城市发展新区人均生态足迹值最大，生态涵养发展区人均生态足迹值最小，首都功能核心区和城市功能拓展区居中。生态足迹是衡量人类对地球生态系统与自然资源需求的指标，功能区人均足迹的核算结果受功能区资源总需求（重点是第二产业对能源的总需求）、功能区总人数及功能区产业能源效率的综合影响。

城市发展新区作为北京市发展制造业和现代农业的主要载体，集中了众多工业园区和都市型农业基地，是城市新的增长极，需要较多资源能源支撑发展，且其产业能源效率不及产业结构更成熟的城市功能拓展区，故前者虽总足迹相对较小，但人均生态足迹反超后者位居四大功能区之首；首都功能核心区以发展文化产业、金融为主，第三产业增加值远超过第二产业并成为 GDP 主要支撑项，该区对资源和能源的利用强度居中；生态涵养发展区整体经济较为落后，侧重林果业、生态农业、生态旅游而非加工制造开采型产业，对资源的需求本身就较其他功能区更少。

从各功能区人均生态足迹的组成结构看（图 6–7），化石能源用地都是最主要的生态生产空间，与各区县生态足迹的组成特点一致；耕地和林地均为各功能区的第二组分生态足迹和第三组分生态足迹。功能区人均生态足迹由相应区县人均生态足迹加权平均求得，从核算结果来看，功能区层面较区县层面表现出了更为一致的规律特征。

从各功能区人均生态承载力的数值（表 6–10）可看出，从首都功能核心区到城市功能拓展区，再到城市发展新区和生态涵养发展区，随着人口密集程度、生态生产性土地面积及土地利用方式的变化，呈现出人均生态承载力递增的趋势。

生态赤字绝对值不足以真实全面评价生态可持续性，这里也计算各功能区的人均生态协调系数，表 6–11 显示出各功能区生态可持续状况从好到差的排序为：生态涵养发展区、城市发展新区、城市功能拓展区、首都功能核心区。这个结果也折射出城镇化进程对北京"城镇、城乡过渡、非城镇"的内部结构（或高城镇化水平到低城镇化水平的过渡）及生态学视角内部分异的影响。从北京市尺度来看，基本上离中心越近的区县和功

能区，其整体的城镇化水平越高，越边缘的，整体的城镇化进程就相对落后些，而城镇化水平较高的区域可持续发展较不乐观，所以必须坚持走可持续发展道路，通过转移城市核心区域人口密度、发展循环经济等多种途径改善现状。

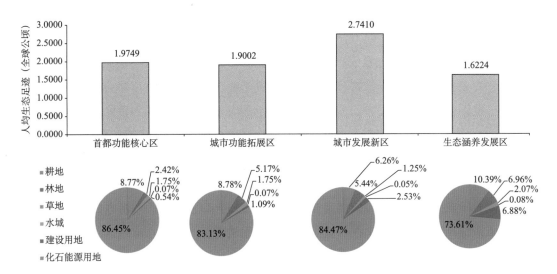

图 6-7　四大功能区人均生态足迹及组分构成

表 6-11　北京市功能区人均生态协调系数 *DS*

功能区	首都功能核心区	城市功能拓展区	城市发展新区	生态涵养发展区
DS	1.0083	1.0215	1.0966	1.4002

　　功能区总生态足迹由功能区人均生态足迹乘以各功能区常住总人口数得到，故在足迹构成及组分比例方面，总值和人均值的特征保持一致，各功能区都是化石能源用地对生态足迹贡献最大，其次是耕地和林地，反映了能源消费（主要支持工业发展）、食品消费（支持日常生活）、木材消费（在本节的核算中主要指建材类消费）在当前经济和社会发展中所占比重较大。不同功能区之间足迹大小的排序方面，总值和人均值呈现出的趋势则不完全符合：城市功能拓展区的总生态足迹最大，城市发展新区、首都功能核心区、生态涵养发展区依次位于其后。各功能区总生态足迹的大小主要受组成该功能区的各区县总生态足迹大小的影响。各功能区间总生态赤字的分布趋势与总生态足迹相同。总生态承载力从大到小的次序为：城市发展新区、生态涵养发展区、城市功能拓展区、首都功能核心区。

三、生态足迹深度与生态足迹广度

北京市 16 个区县的人均足迹深度和人均足迹广度计算结果如图 6-8 所示。各区县人均足迹深度从小到大依次为延庆、密云、怀柔、门头沟、平谷、大兴、通州、昌平、房山、顺义、丰台、海淀、朝阳、东城、西城、石景山（Peng et al.，2015）。总的看来，资源富足型区县足迹深度普遍较低，资源匮乏型区县则较高。各区县足迹深度均大于 1，说明依赖存量资本的消耗以维持自然资本的供需平衡，已成为北京市社会经济发展的普遍代价。能源消耗较多又无专门的碳汇用地来承载其足迹，因而成为各区县最大的赤字缺口项，并使得由生态赤字和生态承载力共同决定的足迹深度不容乐观。各区县的人均足迹广度从大到小依次为延庆、怀柔、密云、门头沟、平谷、房山、顺义、大兴、通州、昌平、丰台、朝阳、石景山、海淀、东城、西城。总的来说，国土辽阔、资源富足的区县由于生态承载力强而具有较高的足迹广度；相反，人口密度大、资源禀赋少的区县，由于资本流动所受的限制较多，导致足迹广度普遍较低。

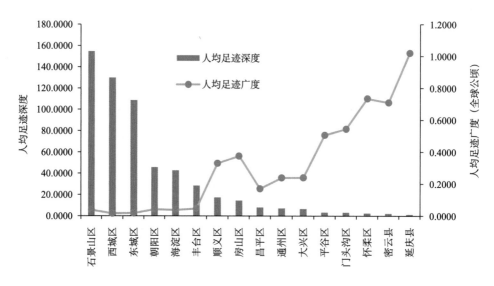

图 6-8　北京市分区县人均足迹深度和人均足迹广度

资料来源：Peng et al.（2015）。

此外，足迹深度和足迹广度基本呈逆向排列，存量资本的消耗与流量资本的占用存在显著的地域互补性。可见延庆、密云之所以有很低的足迹深度，原因之一是供其占用的流量资本多。如密云县面积 2 229.45 平方千米，占全市面积的 13%，是北京市面积最大的区县，全县林木生态覆盖率达 62.3%，水面面积占 8.7%，县境中部有华北第一大水库密云水库，控制潮河、白河流域 1.6 万平方米，总库容达 43.75 亿立方米。西部、西北部、东北部的北京山地区集中为存量消耗低值区和流量占用高值区，城市中心为存量消耗高值区和流量占用低值区，东南部的北京平原区则多处于存量消耗与流量占用的中值区。

四、生态可持续性

生态可持续作为实现区域可持续发展的核心标准及关键途径，一直以来都是关注的焦点问题，也是可持续研究中的重要组成部分（彭建等，2007）。生态可持续话题的热度及重要性在自然资本利用的相关研究中亦是如此，一般说来，足迹深度越小、足迹广度越大，越接近于生态可持续。为了测度特定区域内生态可持续的具体状况，本节采用北京市 16 个区县标准化的人均足迹深度和标准化的人均足迹广度两个指标，在 Matlab 软件平台下基于自组织特征映射网络（Self-Organizing Feature Map，SOFM）开展聚类分析。

SOFM 是一种无监督的人工神经网络计算方法，可避免主观赋权重的盲目性及不同专家赋权带来的权值不稳定性，对数据也有更好的自适应能力和鲁棒性，在模式分类问题中得到广泛应用（Mostafa，2010）。本研究为方便聚类结果与北京市现有四大功能区对比，将 SOFM 网络输出层维数设为 4×1，其他参数如网络拓扑结构、距离函数、学习速率、循环批次则均取 Matlab 系统默认值。

基于各区县标准化人均足迹深度、人均足迹广度进行 SOFM 聚类，北京市 16 个区县的自然资本利用状况可分为四类（表 6–12）（Peng et al.，2015）：Ⅳ类由足迹深度表征的存量资本消耗严重超前于由足迹广度表征的流量资本占用水平，因而资源消费的生态压力最大；Ⅲ类存量资本消耗显著超前于流量资本占用；Ⅱ类存量资本消耗一般超前于流量资本占用；Ⅰ类存量资本消耗与流量资本占用的平均水平基本一致。属于上述四类的区县的生态可持续性在北京市全部区县中分别为最弱、较弱、较强、最强。

表 6–12　北京市分区县标准化人均足迹深度、人均足迹广度 SOFM 聚类类别

类别	人均足迹深度	人均足迹广度（全球公顷）	区县名称
Ⅳ类	108～155	0.0156～0.0376	东城、西城、石景山
Ⅲ类	28～46	0.0369～0.0412	朝阳、丰台、海淀
Ⅱ类	6～18	0.1702～0.3759	房山、通州、顺义、昌平、大兴
Ⅰ类	1～3.5	0.5060～1.0200	门头沟、怀柔、密云、平谷、延庆

　　将自然资本利用生态可持续性空间分异结果（图 6-9）与现有的北京市功能区划（图 6-4）进行对比，发现二者高度吻合，差别仅在于石景山：在功能区划分中其与朝阳、丰台、海淀共属一类，为城市功能拓展区，而在 SOFM 聚类中与东城、西城并为一类。2010 年石景山人均足迹深度较大，人均足迹广度较小，存量消耗非常严重，自然资本利用情形综合而言与西城、东城相对更为接近。石景山的足迹深度明显高于城区的足迹深度，缘于当年区内经济较大的工业比重，重工业生产耗能多，能源消费总量和人均能源足迹均遥居全市第一，能源账户作为生态赤字最大的缺口项严重导致了该区足迹深度不容乐观；较小的足迹广度缘于石景山土地利用以建设用地为主，区域自身基本无生物资源的生产能力而只能依赖外界供给，同时人口密集导致该区生态环境负荷严重超载，密集的人口更加剧了石景山区人均足迹深度的升高和人均足迹广度的降低。

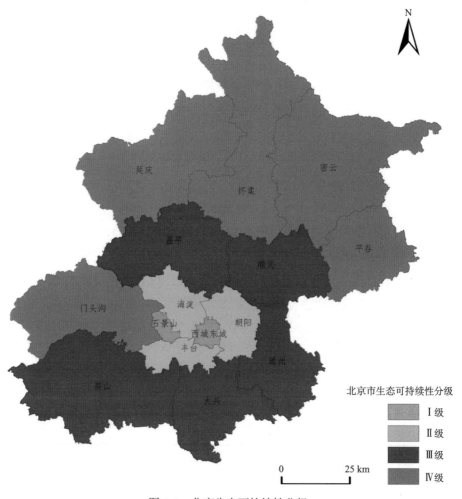

图 6-9　北京生态可持续性分级

资料来源：Peng et al.（2015）。

与 SOFM 自然分区相比，功能区划更多涉及统筹发展的问题，是以中心地理论为基础的经济区划的一个进步，侧重于外部性视角而非差异性视角（丁四保，2009），强调区域功能的合理配置和区域间相互作用。首都功能核心区是首都"四个服务"职能的主要承载区、历史文化名城保护和集中展示区、国家金融管理核心区，目前开发空间已饱和，中心区尤其是旧城区的人口与功能亟待疏解；城市功能拓展区的主要任务则是拓展面向全国和世界的外向经济服务功能，推进科技创新与高新技术产业发展，大力发展高端产业。综上所述，北京市现有的四大功能分区未来发展预期与现状产业接纳能力综合考虑了各区县自然、社会、经济区位因素，而区县自然本底及现状是所有构架的基础，基于足迹深度、足迹广度的自然资本利用格局与现有功能区划之间的高度一致性恰恰佐证了本研究自然资本利用空间分异、生态可持续分级结果的合理性。

第四节　基于基尼系数的自然资本利用公平性

自然资本配置的公平分为代内公平（空间公平，即区际公平）和代际公平（时间公平，即当代人和下代人的公平）。本节采用足迹广度基尼系数（G）、足迹深度变异系数（CV）来分别表征研究区人均流量资本消费（同一时期不同区域间的资源消费和生态服务的公平性差异）及人均存量资本占用（同一区域内不同时期的资源消费和生态服务的公平性差异）在不同区域间的均衡程度（足迹深度是一个比值，通过累计百分比计算基尼系数没有实际意义，故用变异系数取代）。

一、足迹广度基尼系数

基尼系数来自古典经济学，是同类型研究中使用频率最高的方法之一。足迹广度基尼系数是指足迹广度洛伦兹曲线图中绝对均匀线与洛伦兹曲线之间的面积和绝对均匀线与绝对不均匀线之间的面积之比（Dorfman，1979），其计算公式如下：

$$G_{EF_{size}} = 2\sum_{i}^{n}(\lambda_{EF_{size},i} \times \sum_{i}^{n}\lambda_{pop,i}) - \sum_{i}^{n}(\lambda_{EF_{size},i} \times \lambda_{pop,i}) - 1 \quad （0 \leqslant G_{EF_{size}} < 1） \quad 式6-11$$

式中：$G_{EF_{size}}$ 为足迹广度基尼系数；$\lambda_{EF_{size},i}$ 为 i 号次区域足迹广度占整个区域足迹广度的比例；$\lambda_{pop,i}$ 为 i 号次区域人口数占整个区域人口总数的比例；$\sum_{i}^{n}\lambda_{pop,i}$ 为 $1\sim i$ 号次区域人口数占整体区域人口总数的累积比例。足迹广度基尼系数的划分标准可近似参照经济学中的基尼系数等级，即 $G \leqslant 0.2$ 表示高度均衡；$0.2 < G \leqslant 0.3$ 表示较为均衡；$0.3 < G \leqslant 0.4$ 表示相对合理；$0.4 < G \leqslant 0.5$ 表示较为不均衡；$G > 0.5$ 表示高度不均衡（Padilla and

Serrano，2006）。

将西方经济学中反映居民收入公平性的基尼系数引入三维足迹模型中，核算各功能区内部及四大功能区之间的足迹广度基尼系数，以评价特定区域内自然资本流量占用的公平程度。足迹广度基尼系数的含义可以通过洛伦兹曲线来形象地理解，将研究区按人均足迹广度递增的顺序排列，横轴为人口累计比，纵轴为总足迹广度累计比。以北京市各功能区为例进行计算，得到图 6–10 所示的足迹广度洛伦兹曲线（Peng et al.，2015）：首都功能核心区（G=0.028）、城市功能拓展区（G=0.013）、城市发展新区（G=0.153）、生态涵养发展区（G=0.132），足迹广度基尼系数均在（0，0.2）区间内，表明各功能区内部各区县之间资本流量的占用高度均衡；四大功能区（G=0.553）以及 16 个区县（G=0.583）的足迹广度基尼系数均在（0.5，1）区间内，表明功能区之间以及全部区县之间的资本流量占用高度不均衡（自然资本消费的代内公平性较低），且后者的均衡性较前者更差。

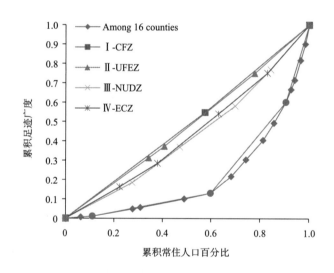

Ⅰ-CFZ 表示首都功能核心区；Ⅱ-UFEZ 表示城市功能拓展区；Ⅲ-NUDZ 表示城市发展新区；Ⅳ-ECZ 表示生态涵养发展区；

Among 16 counties 表示 16 个区县之间的累积足迹广度

图 6–10　足迹广度的洛伦兹曲线

资料来源：Peng et al.（2015）。

二、足迹深度变异系数

变异系数是最简单、最容易理解的不公平性计算方法，且算法固定，结果唯一。足迹深度变异系数是区域内足迹深度的标准差与均值的比率，其值越大，意味着不公平性越显著；值越小，则意味着分配较为公平。

以北京市为例，足迹深度变异系数结果如表 6–13 所示（Peng et al.，2015）：首都功能核心区（CV=0.13）、城市发展新区（CV=0.46）、生态涵养发展区（CV=0.34）内部存量资本消耗较为均衡，而城市功能拓展区内部（CV=0.86）、四大功能区之间（CV=1.19）、16 个区县之间（CV=1.39）存量资本消耗的不公平程度（即自然资本消费的代际不公平程度）则明显增强。城市功能拓展区由于包含了足迹深度值显著较高的石景山区，导致该功能区的足迹深度分布更离散。

表 6–13　足迹深度的变异系数

	足迹深度均值	足迹深度标准差	足迹深度变异系数
首都功能核心区	119.24	15.01	0.13
城市功能拓展区	67.83	58.36	0.86
城市发展新区	10.69	4.90	0.46
生态涵养发展区	2.49	0.84	0.34
四大功能区之间	45.07	53.72	1.19
16 个区县之间	35.98	49.85	1.39

资料来源：Peng et al.（2015）。

若按 SOFM 聚类结果进行计算（即把石景山与东城、西城合并），"新首都功能核心区"的足迹深度变异系数将由 0.13 变为 0.18，差异甚微，而"新城市功能拓展区"的足迹深度变异系数则由 0.86 降低为 0.24，变化显著（存量资本利用公平性明显增强）；与此同时，"新首都功能核心区"和"新城市功能拓展区"的足迹广度基尼系数分别变为 0.187 和 0.045（均小于 0.2），仍属流量资本占用高度均衡范畴。综上所述，自然资本利用的公平性（包括流量资本消费公平性与存量资本占用公平性两方面，分别对应于代内公平和代际公平）的分析结果与前文所述的自然资本利用空间分异形成印证并再次表明，从自然资本利用角度看，原有四大功能分区整体合理（基本上能实现同一类别内差异尽量小、不同类别间差异尽量大的效果），但个别区县尚需调整；基于三维足迹的分析框架和自然资本的分异视角，可考虑改变石景山区原有的类别所属，将其与东城、西城合并为一类（Peng et al.，2015）。

第五节　基于人类发展指数的自然资本利用效率

一、人类发展指数及其应用

20 世纪 90 年代以来，"发展"这一概念的内涵不断扩大，联合国开发计划署的专家们进一步提出了人类发展的概念（UNDP，1990）。可持续发展代表着在生物圈生态约束范围内尽量提高人类的生活质量和社会福利（Moran et al.，2008），这两个方面都需要进行测度。人类发展指数（HDI）是衡量发展程度的最基本指标，是人类发展成就的总括衡量，它衡量一个国家在人类发展的三个基本方面的平均成就：健康长寿的生活，用出生时的预期寿命来表示；知识或教育，用成人识字率以及小学、中学和大学的综合毛入学率来表示；体面的生活水平，用人均 GDP 来表示（UNDP，1990，1997）。

因此，HDI 可以简化为由三个指标等权叠合得到——人均 GDP 指数、预期寿命指数和受教育水平（由成人识字率和综合入学率得到）。对于 HDI 的每一项分指标而言，特定区域的单项指标可以通过一般性公式计算得到：

$$HDI（i）=（Actual\ x_i - minimum\ x_i）/（Maximum\ x_i - minimum\ x_i）\qquad 式6–12$$

根据联合国开发计划署的界定，HDI 高于 0.800 的属于高人类发展水平，在 0.500～0.800 的属于中人类发展水平，低于 0.500 的属于低人类发展水平。

基于北京市 16 个区县各年龄组人数、死亡人口数、受教育程度、入学率、GDP 等数据求得预期寿命指数、教育指数和 GDP 指数，汇总得到人类发展指数（图 6–11）。基于北京市自然资本利用规模与格局，同时综合资本利用生态可持续性及公平性分析得到自然资本利用分区（Peng et al.，2015）：Ⅰ区包括西城、东城、石景山，Ⅱ区包括海淀、朝阳、丰台，Ⅲ区包括顺义、房山、昌平、通州、大兴，Ⅳ区包括怀柔、门头沟、密云、平谷、延庆。

各区县 HDI 从 0.739 到 0.874 不等，按联合国开发计划署界定可知，西城、东城、海淀、朝阳、顺义、石景山属于高人类发展水平，丰台、房山、昌平、通州、怀柔、门头沟、大兴、密云、平谷、延庆属于中人类发展水平。整体而言，城市外围区县与中心区县在经济收入、基本公共服务保障等方面存在较为明显的差距，且Ⅰ区、Ⅱ区人文发展水平整体高于Ⅲ区、Ⅳ区。因此，我们可以推断，人类发展的较高水平或较低水平在空间分布中表现出一定程度的互为相关和集聚。此外，HDI 的空间格局也可反映出城市发展对北京这一"自然—社会—经济"复合生态系统水平结构的影响。不均衡的区域经济活动和人类发展与城市梯度扩张形成的城市圈层结构相一致，即由中心区县构成的内圈层，由中部区县构成的过渡圈层及郊区组成的外部圈层。

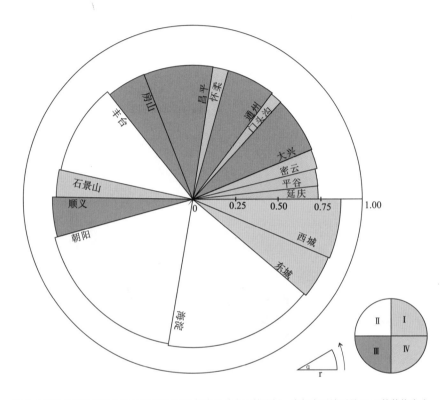

圆心角表示该区县常住人口占北京市 2010 年常住总人口的比例，半径表示该区县 *HDI* 的数值大小。

图 6–11　北京分区县人类发展指数

资料来源：Peng et al.（2015）。

二、自然资本利用效率指数

EF$_{depth}$ 反映了人类因超额消费自然资本而给生物圈带来的压力和影响。我们由 *HDI* 和 *EF*$_{depth}$ 的比例进一步计算得到自然资本利用效率指数 *EFF*（式 6–13）。

$$EFF = NHDI\ /\ NEF_{depth} \qquad\qquad 式6–13$$

其中：*NHDI* 和 *NEF*$_{depth}$ 分别表示标准化的 *HDI* 和标准化的 *EF*$_{depth}$，标准化方法如式 6–14：

$$x* = x\ /\ x_{max} \qquad\qquad 式6–14$$

基于标准化的 *HDI* 和标准化的 *EF*$_{depth}$ 可得自然资本利用效率指数，如图 6–12 所示

（Peng et al.，2015）。各区县资本利用效率从高到低依次为：延庆＞密云＞怀柔＞门头沟
＞平谷＞大兴＞通州＞昌平＞房山＞顺义＞丰台＞海淀＞朝阳＞东城＞西城＞石景山。
各自然资本利用分区的自然资本利用效率依次为：Ⅳ区＞Ⅲ区＞Ⅱ区＞Ⅰ区。

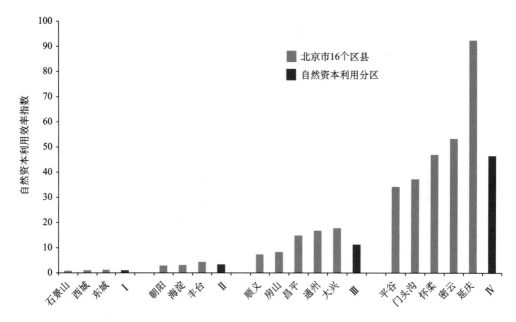

图6–12　北京市分区县及功能区自然资本利用效率

资料来源：Peng et al.（2015）。

　　由于自然资本利用效率由 EF_{depth} 和 HDI 综合决定，因此自然资本利用效率的提升不
应以减缓甚至放弃人类社会的发展为先导条件，需通过技术进步、寻找替代资源等手段，
在本质上获得自然资本利用效率的整体提升，亦即最严格的控制 EF_{depth}，最大限度提高
HDI，从而获得最优的 EFF，以维持区域的良性发展。因此，仅考虑资本利用效率 EFF 数
值的绝对大小在有些情形下是不够的，还需要关注效率的组成结构以做出综合判断与分析。

第六节　结论与展望

一、主要结论

　　如前所述，自然资本分区的生态、公平、效率指数如表 6–14 所示。就生态公平效
率而言，Ⅰ、Ⅱ、Ⅲ、Ⅳ各区发展应当重视的问题各有侧重（Peng et al.，2015）：Ⅰ区

应该强调自然资本利用效率，HDI 为 0.861 居于四区之首，生态效率居于四区之尾，效率提高应该从保护本地生态可持续入手，一方面使得外地的生态流、物质流、能量流可以及时对本地匮乏的资源禀赋形成补充和支持，另一方面减少本地对于生态资源的超额消费与依赖，可通过疏散产业与人口实现；Ⅲ区应强调自然资本利用的公平，未来自然资本分配与管理的重点是协调区县之间的生物质资源和化石能源的流向；而Ⅱ区是Ⅰ区和Ⅲ区的过渡，相对而言生态、公平和效率兼顾的较好；Ⅳ区自身的资源禀赋特质决定了本区应保持生态可持续性，注重巩固生态涵养的功能，同时应注意到本区的自然资本利用高效率主要源于较少的资本占用，实则本区的人文发展水平还有很大的发掘空间（HDI 为四区最小），可以寻找适合本地特点（主要是地形地貌土地利用格局）的发展方式（如生态农业、林业、旅游业等），在尽量少扰动自然环境、少污染低耗能低耗水的前提下努力提高本地人类社会发展水平。

表 6–14　自然资本分区的生态、公平、效率指数

自然资本分区	生态				公平				效率	
	EF_{depth}	EF_{depth} 排名	EF_{size}	EF_{size} 排名	EF_{size} 基尼系数	基尼系数 排名	EF_{depth} 变异系数	变异系数 排名	EFF	EFF 排名
Ⅰ	131.04	4	0.0211	4	0.187	4	0.18	1	1.00	4
Ⅱ	38.89	3	0.0407	3	0.045	1	0.24	2	3.29	3
Ⅲ	10.69	2	0.2544	2	0.153	3	0.46	4	11.25	2
Ⅳ	2.49	1	0.6962	1	0.132	2	0.34	3	46.44	1

注：自然资本分区的 EF_{depth} 或 HDI 或 EFF 均计算求得，不是简单取各区县平均。

资料来源：Peng et al.（2015）。

北京市整体仍处在高度依赖资源和能源投入的社会发展阶段，表征自然资本利用程度的 EF_{depth}/ EF_{size} 的排序与表征 HDI 指数排序基本相反，一方面表明自然资本占用大体获得了与投入相匹配的收益和回报，另一方面也表明人类物质福利的获取建立在资本消耗的代价与基础之上。北京市出现当前格局可能与北京市近 30 年在资源环境及制度双重约束下不平稳的工业化进程有关。近年来北京市中心城区人口过于集中，卫星城人口疏散不明显，以生态用地为重要依托的自然资本严重被蚕食，生态失衡压力和生态赤字不断扩大，生态环境无法适应大规模城市化步伐，大城市病、乡村病、资源环境危机同时爆发。综上，如何实现自然资本利用效益最大化及生态、物质文明兼顾的真正可持续发展是一个意义重大的问题。面对资本消耗和社会发展的双重挑战，因地制宜推行自然资本分区管理、统筹各区县的可持续发展战略、实现北京市城乡一体化发展、京津冀都市圈协调布局尤为关键，面向生态文明引导新型城镇化将是未来的重要发展方向。

北京市作为中国首都，面临着与日俱增的社会发展及日益稀缺的自然资本严重冲突的矛盾。本章以北京市为例，基于 ^{3D}EF 模型展开自然资本可持续利用评价。具体而言，本章目标包括建立涵盖"生态—公平—效率"的多维度框架，基于 EF_{depth} 和 EF_{size} 分析北京市生态可持续现状，基于足迹广度基尼系数和足迹深度变异系数进行北京市自然资本利用公平性测度，基于 HDI 和衍生的自然资本利用效率指数进行资本利用效率评估，综合分析北京市自然资本利用现状及可持续发展特征。主要结论如下：第一，存量资本与流量资本利用水平的地域互补性显著；第二，单纯分析北京市各区县的自然资本利用现状，可按存量资本消耗水平与流量资本占用水平的关系，将北京市 16 个区县分为四类：存量资本消耗水平严重超前（东城区、西城区、石景山区）、显著超前（朝阳区、丰台区、海淀区）或一般超前（房山区、通州区、顺义区、昌平区、大兴区）于流量资本占用水平的类型，以及二者的平均水平基本一致的类型（门头沟区、怀柔区、密云县、平谷区、延庆县）；第三，现有四大功能区内部资本利用大体公平，四大功能分区合理，但从资本利用的视角分析，个别区县如石景山可以略作调整，以实现更好的整体公平性；第四，自然资本利用效率数值、结构、组成都需纳入考虑范围，以获得更为全面的分析。

二、问题讨论

公平和效率作为生态经济学及可持续发展的一对非常重要的基本范畴相互依赖（Pascual et al.，2010）。从本质上说，效率源于资源的合理配置，而资源的合理配置本身就要求公平分配。本研究中，公平从流量资本消耗和存量资本占用两个方面考虑，分别用足迹广度基尼系数和足迹深度变异系数表征，显然二者之间没有必然的因果关系或共变关系。各区足迹广度基尼系数均低于 0.2，表明区际流量资本消费的均衡程度尚可得到保证，而由足迹深度变异系数所表征的存量资本消费的公平性则与四区的资本利用效率呈现出相反的变化趋势；据此笔者推测，在北京尚未完全达到高度城市化之前，自然资本利用的公平和效率之间可能存在一定的权衡关系。对北京而言，自然资本消费的效率与公平在北京市当前发展阶段尚难以兼得，受政策、市场、经济增长方式、社会发展阶段及技术进步的影响而具有诸多不确定性。社会公平一定是在社会产品极大丰富条件下实现的（Ward and Pulido-Velázquez，2008），因此，解决自然资源消费的不均等性有赖于社会发展水平的显著提高。唯有如此，才能实现公平和效率的双赢。

过去的几十年来，基于生态足迹又相继发展出一系列足迹类指标，带动了评估自然资本消费及环境现状评价领域的发展，如能源足迹、碳足迹、水足迹、化学足迹、氮足迹等，使"足迹家族"（Footprint Family）的内涵与外延得以扩展和丰富（Peng et al.，

2015）。与此同时，大批学者尝试从容量、极限、阈值等不同角度定义承载力，在一定程度上弥补了生态承载力指标信息不够全面的缺陷（Giljum et al.，2011；方恺等，2011；顾康康，2012）。特别是由罗克斯特伦等（Rockström et al.，2009）提出的行星边界概念，第一次明确了全球多项环境问题的生物物理临界阈值，引发学界空前的关注和讨论（Erb et al.，2012；Lewis，2012）。行星边界采用一系列控制变量，如 CO_2 体积分数、淡水消耗量、人工固氮量、海水磷输入量、耕地占比、海水饱和度、O_3 含量、物种灭绝速度分别表征气候变化、水资源利用、氮排放、磷排放、土地利用、海洋酸化、平流层臭氧消耗、生物多样性丧失等环境问题。因此，整合不同类型的足迹并评估它们之间的权衡关系对于全面理解自然资本的相关问题很有帮助。

此外，自然资本食物生产和废物处理等为生态系统服务的形成提供了根源和基础，而生态系统服务对地球生命支撑系统的功能发挥至关重要的作用（Costanza et al.，1997）。自然资本可持续利用的终极目标是人类的可持续发展。生态系统服务作为自然资本对人类社会的相对贡献将人与自然系统很好地耦合起来（Costanza et al.，2014）。因此，在建立自然资本可持续利用的分析框架时，可以考虑将生态系统服务纳入其中，如生态系统服务足迹（ESF）（Burkhard et al.，2012）、水生态系统服务足迹（Gao et al.，2014）。

参 考 文 献

Burkhard, B., Kroll, F., Nedkov, S., et al. Mapping Ecosystem Service Supply, Demand and Budgets. *Ecological Indicators*, 2012, 21: 17-29.

Costanza, R., Daly, H. E. Natural Capital and Sustainable Development. *Conservation Biology*, 1992, 6(1): 37-46.

Costanza, R., D'Arge, R., Groot, R. D., et al. The Value of the World's Ecosystem Services and Natural Capital. *Nature*, 1997, 387(15): 253-260.

Costanza, R., Groot, R. D., Sutton, P., et al. Changes in the Global Value of Ecosystem Services. *Global Environmental Change*, 2014, 26: 152-158.

Daly, H. E. Operationalizing Sustainable Development by Investing in Natural Capital. In Jansson, A. M., M. Hammer, M., Folke C.,, et al. (Eds.), *Investing in Natural Capital – The Ecological Economics Approach to Sustainability*. Island Press, Washington, DC, 1994: 22-37.

Dorfman, R. A Formula for the Gini Coefficient. *Review of Economics & Statistics*, 1979, 61(1): 146-149.

Ekins, P., Simon, S., Deutsch, L., et al. A Framework for the Practical Application of the Concepts of Critical Natural Capital and Strong Sustainability. *Ecological Economics*, 2003, 44(2-3): 165-185.

Erb, K. H., Haberl, H., Defries, R., et al. Pushing the Planetary Boundaries. *Science*, 2012, 338(6113): 1419-1420.

Ferng, J., J. Using Composition of Land Multiplier to Estimate Ecological Footprints Associated with Production Activity. *Ecological Economics*, 2001, 37(2): 159-172.

Gao, Y., Feng, Z., Li, Y., et al. Freshwater Ecosystem Service Footprint Model: A Model to Evaluate Regional Freshwater Sustainable Development – A Case Study in Beijing-Tianjin-Hebei, China. *Ecological Indicators*, 2014, 39: 1-9.

Giljum, S., Burger, E., Hinterberger, F., et al. A Comprehensive Set of Resource Use Indicators from the Micro to the Macro Level. *Resources Conservation & Recycling*, 2011, 55(3): 300-308.

Herendeen, R. A. Ecological Footprint Is a Vivid Indicator of Indirect Effects. *Ecological Economics*, 2000, 32(3): 357-358.

Konow, J. Fair and Square: The Four Sides of Distributive Justice. *Journal of Economic Behavior and Organization*, 2001, 46(2): 137-164.

Lewis, S. L. We Must Set Planetary Boundaries Wisely. *Nature*, 2012, 485(7399): 417.

Moore, J., Kissinger, M., Rees, W. E. An Urban Metabolism and Ecological Footprint Assessment of Metro Vancouver. *Journal of Environmental Management*, 2013, 124: 51-61.

Moran, D. D., Wackernagel, M., Kitzes, J. A., et al. Measuring Sustainable Development – Nation by Nation. *Ecological Economics*, 2008, 64: 470-474.

Mostafa, M. M. Clustering the Ecological Footprint of Nations Using Kohonen's Self-Organizing Maps. *Expert Systems with Applications*, 2010, 37(4): 2747-2755.

Niccolucci, V., Bastianoni, S., Tiezzi, E. B. P., et al. How Deep is the Footprint? A 3D Representation. *Ecological Modelling*, 2009, 220(20): 2819-2823.

Niccolucci, V., Galli, A., Reed, A., et al. Towards a 3D National Ecological Footprint Geography. *Ecological Modelling*, 2011, 222(16): 2939-2944.

Niccolucci, V., Pulselli, F. M., Tiezzi, E. Strengthening the Threshold Hypothesis: Economic and Biophysical Limits to Growth. *Ecological Economics*, 2007, 60(4): 667-672.

Padilla, E., Serrano, A. Inequality in CO_2 Emissions across Countries and Its Relationship with Income Inequality: A Distributive Approach. *Energy Policy*, 2006, 34(14):1762-1772.

Pascual, U., Muradian, R., Rodríguez, L. C., et al. Exploring the Links between Equity and Efficiency in Payments for Environmental Services: A Conceptual Approach. *Ecological Economics*, 2010, 69(6): 1237-1244.

Peng, J., Du, Y., Ma, J., et al. Sustainability Evaluation of Natural Capital Utilization Based on [3D]EF Model: A Case Study in Beijing City, China. *Ecological Indicators*, 2015, 58: 254-266.

Rees, W. E. Ecological Footprints and Appropriated Carrying Capacity: What Urban Economics Leaves Out. *Environment & Urbanization*, 1992, 4(2): 121-130.

Rockström, J., Steffen, W., Noone, K., et al. A Safe Operating Space for Humanity. *Nature*, 2009, 461(7263): 472-475.

Tiezzi, E. *The End of Time*. Wit Press, Southampton, 2002: 200.

UNDP. *Human Development Report 1990*. Oxford University Press, New York, 1990.

UNDP. *Human Development Report 1997*. Oxford University Press, New York, 1997.

Vuuren, D. P. V., Smeets, E. M. W. Ecological Footprints of Benin, Bhutan, Costa Rica and the Netherlands.

Ecological Economics, 2000, 34(1): 115-130.

Wackernagel, M., Lewan, L., Hansson, C. B. Evaluating the Use of Natural Capital with the Ecological Footprint: Applications in Sweden and Subregions. *Ambio*, 1999a, 28(7): 604-612.

Wackernagel, M., Onisto, L., Bello, P., et al. National Natural Capital Accounting with the Ecological Footprint Concept. *Ecological Economics*, 1999b, 29(3): 375-390.

Wackernagel, M., Onisto, L., Callejas, L. A., et al. Ecological Footprints of Nations. How Much Nature Do They Use? How Much Nature Do They Have? Xalapa Mexico, Universidad Anahuac De Xalapa, Centro De Estudios Para La Sustentabilidad, Mar, 1997.

Wackernagel, M., Rees, W. E. Our Ecological Footprint. *Green Teacher*, 1996, 45: 5-14.

Wackernagel, M., Rees, W. E. Perceptual and Structural Barriers to Investing in Natural Capital: Economics from an Ecological Footprint Perspective. *Ecological Economics*, 1997, 20(1): 3-24.

Wackernagel, M., Schulz, N. B., Deumling, D., et al. Tracking the Ecological Overshoot of the Human Economy. *Proceedings of the National Academy of Sciences*, 2002, 99(14): 9266-9271.

Wackernagel, M., White, S., Moran, D. Using Ecological Footprint Accounts: From Analysis to Applications. *International Journal of Environment and Sustainable Development*, 2004, 3(3): 293-315.

Wackernagel, M., Yount, J. D. The Ecological Footprint: An Indicator of Progress toward Regional Sustainability. *Environmental Monitoring & Assessment*, 1998, 51(1-2): 511-529.

Ward, F. A., Pulido-Velázquez, M. Efficiency, Equity, and Sustainability in a Water Quantity-Quality Optimization Model in the Rio Grande Basin. *Ecological Economics*, 2008, 66(1): 23-37.

陈冬冬、高旺盛、陈源泉："生态足迹分析方法研究进展",《应用生态学报》,2006 年第 10 期。

丁四保："中国主体功能区划面临的基础理论问题",《地理科学》,2009 年第 4 期。

方恺："生态足迹深度和广度：构建三维模型的新指标",《生态学报》,2013 年第 1 期。

方恺："1999—2008 年 G20 国家自然资本利用的空间格局变化",《资源科学》,2014 年第 4 期。

方恺："基于改进生态足迹三维模型的自然资本利用特征分析——选取 11 个国家为数据源",《生态学报》,2015 年第 11 期。

方恺、沈万斌、郑沁敏等："化石能源地生态承载力研究",《环境科学与技术》,2011 年第 12 期。

顾康康："生态承载力的概念及其研究方法",《生态环境学报》,2012 年第 2 期。

金书秦、王军霞、宋国君："生态足迹法研究评述",《环境与可持续发展》,2009 年第 4 期。

李冰："北京市生态足迹变化及其社会经济影响因素分析"(硕士论文),北京林业大学,2012 年。

刘某承、李文华、谢高地："基于净初级生产力的中国生态足迹产量因子测算",《生态学杂志》,2010 年第 3 期。

卢小丽："基于生态系统服务功能理论的生态足迹模型研究",《中国人口·资源与环境》,2011 年第 12 期。

彭建、王仰麟、吴健生："净初级生产力的人类占用：一种衡量区域可持续发展的新方法",《自然资源学报》,2007 年第 1 期。

谌伟、李小平、孙从军等："1999—2005 年上海市纵向时间序列生态足迹分析",《生态环境》,2008 年第 1 期。

王银洁："北京市生态足迹研究"(硕士论文),首都经济贸易大学,2011 年。

谢鸿宇、王羚郦、陈贤生：《生态足迹评价模型的改进与应用》,化学工业出版社,2008 年。

第七章 城镇群地区生态空间布局规划理论方法与应用实践

本章以我国西部受资源环境约束较为严重的关中城镇群和东部生态环境问题突出的京津唐城镇群为研究区，基于城镇群生态安全格局和生态空间结构优化理论方法，综合考虑地区资源环境本底状况和生态系统服务提升的应用需求，提出了城镇群生态空间结构优化及生态廊道优化布局方案，可为优化城镇群生态空间结构、保障区域生态安全和促进区域可持续发展提供科学参考。

第一节 城镇群生态空间结构优化的理论基础

一、城镇群生态空间结构优化的科学基础

城镇群生态空间结构是指城镇群地区生态基质、生态斑块、生态廊道和生态节点等生态功能区的空间组合及其发展变化状况，是影响城镇群生态环境承载能力的一个关键因素，也是区域经济社会可持续发展的基础（Guo et al.，2007；郭荣朝等，2010）。城镇群作为我国城镇化地区的主体和经济发展的核心区，生态空间结构有序合理布局和城镇群健康协调持续发展，是国家资源环境承载能力提升和实现可持续发展的重要内容（顾朝林，2011；彭建等，2015）。随着城镇化水平的不断提升，城镇群原有的生态空间结构遭到一定程度的破坏，导致人口、资源、环境压力逐渐增大，生态环境恶化、资源供给不足等区域生态安全问题日益突出（李双成等，2009；方创琳等，2016）。因此，合理优化城镇群生态空间结构，有利于保障区域生态安全需求，协调环境与发展和谐共赢，对于实现我国生态文明与新型城镇化发展战略具有重要的理论和现实意义（方创琳，2014；匡文慧等，2015）。

城镇群生态空间结构优化布局研究关注城镇群地区全域的生态环境问题，其优化设计涉及景观生态学、区域规划学等多学科知识，但究其主要依据，主要包括地理学的空

间相互作用理论和生态学中的互利共生和协同进化理论（Guo et al.，2007；郭荣朝等，2010）。

1. 地理要素空间相互作用理论

城市作为一个自然—社会经济—环境复合系统，由其自然组成要素、社会经济要素、生态环境要素等生物、非生物要素通过物质—能量代谢、生物—地球化学循环等，形成一个内在联系的有机整体，构成特定的景观生态模式（肖笃宁等，2001）。作为以人为主体的景观生态单元，其正常运转需要在城市内部、城市与城市、城市与区域之间不断地进行人流、物流、能量流、信息流和生态流的交换。而地理要素空间相互作用把空间上彼此分离的城市整合为具有一定结构和功能的有机体，并形成不同时空尺度的地域空间。只有城镇群地区城市内部、城市之间和城乡之间分工合理有序，城镇群生态空间结构才能处于优化状态，才能够实现城镇群协同可持续发展（郭荣朝等，2010）。

2. 生态要素互利共生与协同进化理论

生态要素的互利共生与协同进化作为生态学的基础概念之一，前者是指两物种相互有利的共居关系，它们彼此间有着直接的营养物质的交流，并且相互依赖和相互依存；后者则是指在物种进化过程中，一个物种的性状作为对另一物种性状的反应而进化，且后一物种性状的本身又作为前一物种性状的反应而进化的现象（李博，2000）。

城镇群生态空间结构和经济社会发展之间是一种互利共生与协同进化的关系。城镇群生态空间结构合理有序，有利于城镇群生态环境改善，继而促进城镇群经济社会可持续发展；城镇群社会经济持续发展，产业布局科学合理，生态建设资金、技术投入将进一步增加，从而使城镇群各生态功能区的功能更加完善、生态空间结构更加合理有序；同时，还可以使"三废"排放减少、"三废"处理率提高，污染在源头得以治理，生态环境得到进一步改善。反之，将形成城镇群经济社会与生态环境之间的恶性循环（郭荣朝等，2010）。因此，我们要通过宏观和微观措施不断优化城镇群生态空间结构，使其合理有序；促进城镇群生产力布局科学合理，使城镇群经济社会发展能够不断适应自然生态环境演变规律，最终实现其互利共生与协同进化目标（图7–1）。

综合来看，在城镇群内部，要保持或不断增强生态系统服务功能，提高生态环境质量，主要可以通过两个途径实现。第一，直接提高城镇群的生态功能区质量，扩大生态环境容量。例如，提高城镇群的森林覆盖率等，以提高森林在改善城市局地气候、净化大气、防治水土流失和改善水文条件等方面的生态服务功能，扩大城镇群生态环境容量（Nancy et al.，2000；郭清和，2005）。第二，优化城镇群生态空间结构，使城镇群各生态功能区的服务功能产生"1＋1>2"的效果。在生态功能区面积、质量不变的情况下，

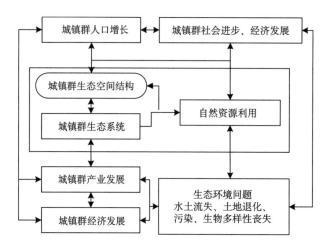

图 7-1 城镇群互利共生与协同进化机制

资料来源：郭荣朝等（2010）。

通过城镇群地区（包括城市内部）生态节点、生态廊道、生态斑块和生态基质等生态功能区的优化重组，使其成为"廊道组团网络化"的有机整体，城镇群生态环境容量将会有一定幅度提高，生态环境质量将进一步提升（郭荣朝等，2010）。

因此，城镇群生态空间结构优化强调充分运用地理学的空间相互作用理论和生态学互利共生与协同进化理论，以及相关学科的知识与方法，从生态功能区的完整性、自然环境特征和经济社会条件出发，通过对现有生态功能区的优化重组或引入新的成分，调整或构建合理的城镇群生态空间格局，使其整体生态功能最优、生态环境容量最大，最终达到经济社会活动与自然生态环境的互利共生和协同进化，实现城镇群自然生态保护、生物多样性和生态景观的可持续利用。

二、城镇群生态空间结构优化与生态安全格局构建的基本原理

优化城镇群生态空间结构，即通过对城镇群内部（包括城市内部）生态基质、斑块及廊道的优化重组，改善区域生态环境状况并促进其可持续发展。其研究在国外可追溯至 20 世纪 40 年代，英国的大伦敦规划、法国的大巴黎地区规划及德国的柏林—勃兰登堡地区发展规划等，就已经提出通过合理规划布局绿化带、楔形绿地来对城市化扩张进行管控与引导（Longley et al., 1992；李功等，2015；吕贤军等，2013）。国内相关研究以典型地区"生态城市"建设规划为主，城镇群层面研究主要集中在珠三角、长株潭及中原城镇群等地区，相关研究相对不足（郭荣朝等，2010；蒋艳灵等，2015；陈勇，2005；赵婷婷等，2012）。其中，郭荣朝等（2010）按照空间相互作用、互利共生与协同进化的

原理，优化重组生态廊道、斑块和基质，构建了中原城镇群"廊道组团网络式"生态空间结构组合模式；陈勇（2005）基于生态安全和可持续发展需求，整合各类景观要素形成了珠三角城镇群"两带五廊"生态空间格局优化方案；赵婷婷等（2012）提出构建"一心、一带、多廊道、多斑块"的网络式框架，以改善株湘潭城镇群生态环境问题。

构建区域生态安全格局作为实现区域生态安全的基本保障和重要途径，能够有效化解生态保护与经济发展的矛盾，其成果可直接用于城市空间结构优化与生态保护建设，为城镇群生态空间结构优化布局提供了定量化研究的先例（俞孔坚等，2009；欧定华等，2015）。近年来，我国学者已将其应用于城镇化地区土地利用或生态用地功能分区与规划管理（冯长春等，2014；李潇然等，2015；欧阳志云等，2015）、生态廊道网络架构（尹海伟等，2011）、生态安全格局构建与评价（杨姗姗等，2016；周锐等，2015；李宗尧等，2007）等研究中，取得了一定的研究进展。其中，俞孔坚等（2009）基于北京市水文、地质灾害、生态多样性保护、文化遗产和游憩过程的分析，构建了不同安全水平的综合生态安全格局并提出城镇空间发展预测和土地利用空间布局的优化战略。欧阳志云等（2015）在明确北京市生态安全与生态系统服务功能关系的基础上，对其生态用地提出了规划与管理的对策建议。李宗尧等（2007）提出构建"三源、七廊、多楔"的生态安全格局，以保障安徽省沿江经济快速发展地区的可持续发展。

综合国内外相关研究，"廊道组团网络化"城镇群生态空间结构优化组合模式及"区域生态安全格局"理念作为生态空间结构优化的主要理论和方法，其相关概念做如下解析。

1. "廊道组团网络化"城镇群生态空间结构优化组合模式

郭荣朝等（2010）提出的"廊道组团网络化"城镇群生态空间结构优化组合模式，是在城镇群区域背景基础上，将生态廊道、生态斑块和生态基质等生态功能区，按照空间相互作用、互利共生与协同进化原理，进行有机整合而形成。"廊道组团网络化"城镇群生态空间结构优化组合模式与城镇群经济社会发展空间布局的有机耦合，是城镇群经济社会环境可持续发展的基础。

其中，生态廊道主要包括自然生态廊道（如河流等）、人工生态廊道（如交通道路等）等；生态斑块主要包括城乡聚落生态斑块，农区中的森林、草地斑块，山区中的农地斑块等；生态基质则主要包括区域主要生态群落斑块，而其中山地生态基质往往与森林等密不可分，且林区是由不同种群组合而形成的各类生物群落（各种林相）斑块组成，其间往往由相应的生态廊道将其有机地联系在一起。此外，农区（耕作区）生态基质、草地生态基质和水体生态基质等，也可以细分为不同的生物群落斑块。

2. 城镇群区域生态安全格局构建原理

区域生态安全格局是以维持生态系统结构和功能的完整性与生态过程的稳定性为目的，强调对重要生态功能区的保护，注重充分利用区域生态环境本底的优势，整合各类生态环境要素的服务功能，发挥其空间聚集、协同和链接作用，促进生态系统保护和经济发展的协调与融合（马克明等，2004）。生态安全格局构建是以景观生态学理论、复合生态系统理论、恢复生态学和可持续发展四大理论为基础理论，在不同的应用领域，根据研究需要结合相应的理论（保护生物学、城市规划原理等）来解决实际问题。

基于区域生态安全格局构建的城镇群地区生态空间结构优化布局方法具有特定的研究范式，即包括源地的确定、空间联系的判断及优化策略的提出三个主要步骤（Yu，1996；俞孔坚等，2009）。①源地是指维护区域生态安全和可持续发展必须加以保护的区域，一般由生态服务较重要、生态敏感度较高的自然生态斑块组成（杨姗姗等，2016；李宗尧等，2007）。它们是物种、能量和信息扩散、维持的源点，一般将现有的自然保护区和风景名胜区的核心区直接作为源地，也可通过构建综合指标体系评估生态斑块的重要性来获取。②空间联系的判别则通过景观过程（包括自然过程，如水的流动；生物过程，如物种的空间运动；人文过程，如人的游憩体验等）的分析和模拟，来判别具有关键意义的景观格局。一般通过构建最小阻力模型（minimum cumulative resistance，MCR）的方法，识别包括缓冲区、源间连接、辐射道和战略点等生态功能组分，并根据各功能组分格局的拐点和作用，判断出不同安全水平下的生态安全格局。③优化策略的提出则主要针对某一生态过程和安全格局的具体要求，提出空间格局和土地利用的调整策略与建议，进而实现城镇群区域生态空间结构的优化重组与布局设计。

三、城镇群生态廊道设计及其优化原理

城镇群生态廊道是城镇群生态空间结构的重要组成部分，在景观生态学上是指不同于两侧基质的狭长地带，既可以呈现出隔离的条状，也可以是与周围基质呈过渡性连续分布的景观要素（肖笃宁，2003）。而在区域与城市规划中，城镇群生态廊道是指具有保护生物多样性、过滤污染物、防止水土流失、防风固沙、调控洪水等生态服务功能的廊道类型，并由植被、水体等生态性结构要素构成（朱强等，2005）。廊道是一种特殊的斑块，几乎所有的景观都会被廊道分割，同时又被廊道连接在一起。区域绿地和生态廊道体系的建设对于维护及提高生物多样性，提高生态系统的自我维持、更新以及抗干扰能力，改善城市的大气、水和声环境质量等具有重要作用。

通过规划与建设生态廊道，发挥其生态功能，既能缓解城镇化给生态环境带来的巨

大压力，又能满足城市人群日益增长的渴望亲近自然的精神诉求，同时在推进城镇群地区健康发展，改善城镇群生态环境，建设资源节约型城镇群与环境友好型城镇群具有重要的意义。

生态廊道的优化设计涉及诸多关键要素，其中廊道的结构特征是主要考虑的要素。因此，需从生态廊道的功能与结构特征入手，对城镇群地区进行生态廊道格局的优化与布局设计。

1. 生态廊道功能定位

在不同尺度下，生态廊道的结构特征、动态格局、主导功能及规划方法都有所不同。其中，中小尺度层次上的生态廊道研究更具有针对性及可操作性。城镇群的生态廊道研究属于中尺度代表范围，它是城市行政管辖的全部地域，具有较强的地域特征且为独立行政单元，该范围内生态廊道研究具有一定的代表性，并利于生态用地的统一管理（荣冰凌等，2011）。

城镇群生态廊道不仅具有生态景观廊道的一些基本特征，更具有广泛深刻的文化内涵。作为体现生态文明和绿色文化的城市形象建设的新思路，生态廊道建设要充分体现以人为本、人与自然和谐发展的区域可持续发展。生态廊道除具有保护生物多样性、过滤污染物、防治水土流失、防风固沙、区域气候调节等重要的生态服务功能外，同时还具有重要的社会文化功能。

综合选择生态廊道的生态功能与社会文化功能的主要方面对廊道进行功能定位，但是由于缺乏对生态廊道功能类型复杂性的系统研究，目前多数生态廊道的规划并不明确，导致生态廊道的结构设计不够科学合理。

具体而言，城镇群生态廊道除上述重要功能外，还具有三个关键作用：

（1）保护关键的自然生态系统。这些关键的自然生态系统通常是沿河流、海岸线以及地形起伏较大的地方，主要作用是保护生物多样性与提供生物迁徙的通道。

（2）在城镇群地区，生态廊道构成的网络系统为人类提供额外的游憩机会，比如散步、徒步、自行车、游泳与划船等户外活动。

（3）生态廊道及形成的廊道网络给人类留下有意义的历史与文化遗产。有研究认为，主要沿河流或海岸的廊道区域部分属于文化与遗产发源地。

2. 生态廊道分类

针对生态廊道具有的功能与研究区具体的生态需求，生态廊道具有保护生态多样性、污染物过滤、水土流失防治、防风固沙和洪水调节等多种功能，建立生态廊道是景观生态规划的重要方法，是解决当前人类剧烈活动造成的景观破碎化以及由此带来的众多环境问题的重要措施。按照生态廊道的主要结构与功能，划分出多种功能性的廊道类型，为生态廊道的科学规划与布局服务，发挥廊道的生态功能与社会文化功能，可将其划分为线状河流生态廊道、道路生态廊道和城市边缘隔离廊道。

（1）河流生态廊道

河流生态廊道是指沿河流分布而不同于周围基质的植被带，又称濒水植被带或缓冲带，包括河道边缘、河漫滩、堤坝和部分高地。河流在生态网络结构中扮演着连接景观要素的关键作用。河流本身不只是干支流的简单集合，而是一个连续的、变化的景观结构与功能体。河流及其流域作用机理具有动态性、复杂的系统性、时间与空间尺度上的多变性等特征。河流是积水区域的核心，能够控制水流和矿质养分的流动，同时也是食物富集与动物迁徙较为容易的地方，更是生态系统和景观体系的重要资源，是生态系统的绿色生命线和区域生态平衡的活跃因子，也是城镇群地区生态廊道的重要内容。因此，应以水系为主在纵向及横向上建设河流生态廊道，加强河道改造和建设，提高河流在城镇群地区生态环境保护、景观和文化建设的功能与作用。

（2）道路生态廊道

早在 20 世纪初，城市道路廊道网络系统的理念就在欧洲的大都市区城市规划中发展并应用，这些道路廊道的主要作用是连接都市区与自然的森林地区。伦敦、莫斯科、柏林、布拉格与布达佩斯这些东欧与西欧国家的首都城市在道路生态廊道建设方面进行了有益的尝试。道路以其重要的经济与社会意义，一直以来被作为传统的交通与连接廊道，同时对于野生动物迁徙与栖息地生境有着重要的影响，是生境斑块化与破碎化进程的一个主要因素。因此，应以公路和铁路为依托建立生态走廊和绿色屏障，保护生物多样性，改善中心城区和周边城市发展区的生态环境。

（3）城市边缘隔离生态廊道

在经济全球化与全球城市化进程加快的双重作用中，城镇群的快速扩张已成为不可阻挡之势。一方面，城市地区的集聚效应使城市用地需求持续增高；另一方面，在缺乏科学规划与管控且不受地理状况限制的情况下，城市扩张往往形成"摊大饼"的模式，无序的城市扩张不仅造成土地资源的低效利用与浪费，同时也使城市化的质量降低。建立城市外围扩张阻隔廊道，划定城市扩张范围与方向，可促进土地资源的合理利用与引导城市化的健康发展。

3. 生态廊道结构特征

廊道的重要结构特征包括廊道长度、廊道宽度、廊道曲度、内部主体与道路的连接关系、周遭嵌块体的位置与环境坡度、廊道的时序变化、生物种类与植物密度等（肖化顺，2005）。其中，宽度、数目、连接度与廊道网络化是生态廊道规划时需要考虑的主要结构特征。

（1）廊道宽度

廊道宽度变化影响物种沿廊道或穿越廊道迁移的阻力以及与廊道的相互作用强度，窄带的作用不如宽带明显，但具有同样的生态意义。在保护区设计时，应当尽量加宽廊道。廊道如果达不到一定的宽度，不但起不到维护保护对象的作用，反而为外来物种的入侵创造条件。对廊道的宽度，目前尚没有一个定量的标准，对一般动物的运动而言，100～2 000 米宽是比较合适的，但对大型动物则需 10～100 千米宽（表 7–1、表 7–2）。

表 7–1　保护生物多样性廊道的适宜宽度

作者	年份	宽度（米）	说明
Corbett et al.	1978	30	使河流生态系统不受伐木的影响
Stauffer and Best	1980	200	保护鸟类种群
Newbold et al.	1980	30	伐木活动对无脊椎动物的影响会消失
		9～20	保护无脊椎动物种群
Brinson et al.	1981	30	保护哺乳、爬行和两栖类动物
Tassone	1981	50～80	松树硬木林带内几种内部鸟类所需最小生境宽度
Ranney et al.	1981	20～60	边缘效应为 10.3 米
Peterjohn and Correl	1984	100	维持耐荫树种山毛榉种群最小廊道宽度
		30	维持耐荫树种糖槭种群最小廊道宽度
Harris	1984	4～6 倍树高	边缘效应为 2.3 倍树高
Wilcove	1985	1 200	森林鸟类被捕食的边缘效应范围约为 600 米
Cross	1985	15	保护小型哺乳动物
Forman and Godron	1986	12～30.5	对于草本植物和鸟类而言，12 米是区别线状和带状廊道的标准，12～30.5 米能够包含多数的边缘种，但多样性较低
		61～91.5	具有较大的多样性和内部种
Budd et al.	1987	30	使河流生态系统不受伐木的影响
Csuti et al.	1989	1 200	理想的廊道宽度依赖于边缘效应宽度，通常森林的边缘效应有 200～600 米宽，窄于 1 200 米的廊道不会有真正的内部生境
Brown et al.	1990	98	保护雪白鹭的河岸湿地栖息地较为理想的宽度
		168	保护蓝翅黄森莺较为理想的硬木和柏树林的宽度
Williamson et al.	1990	10～20	保护鱼类
Rabent	1991	7～60	保护鱼类、两栖类

续表

作者	年份	宽度（米）	说明
Juan et al.	1995	3～12	廊道宽度与物种多样性之间相关性接近于0
		12	草本植物多样性平均为狭窄地带的2倍以上
		60	满足生物迁移和生物保护功能的道路缓冲带宽度
		600～1 200	能创造自然化的物种丰富的景观结构
Rohling	1998	46～152	保护生物多样性的合适宽度

资料来源：朱强等（2005）。

表7-2 河流廊道的适宜宽度

功能	作者	年份	宽度（米）	说明
水土保持	Gillianm et al.	1986	18.28	截获88%的从农田流失的土壤
	Cooper et al.	1986	30	防止水土流失
	Cooper et al.	1987	80～100	减少50%～70%的沉积物
	Lowrance et al.	1988	80	减少50%～70%的沉积物
	Rabeni	1991	23～183	美国国家立法，控制沉积物
防治污染	Erman et al.	1977	30	控制养分流失
	Peterjohn and Correl	1984	16	有效过滤硝酸盐
	Cooper et al.	1986	30	过滤污染物
	Correllt et al.	1989	30	控制磷的流失
	Keskitalo	1990	30	控制氮素
其他	Brazier et al.	1973	11～24.3	有效降低环境温度5～10℃
	Erman et al.	1977	30	增强低级河流河岸稳定性
	Steinblums et al.	1984	23～38	降低环境温度5～10℃
	Cooper et al.	1986	31	产生树木碎屑，为鱼类繁殖创造多样化生境
	Budd et al.	1987	11～200	为鱼类提供有机碎屑物质
	Budd et al.	1987	15	控制河流浑浊

资料来源：朱强等（2005）。

（2）廊道数目

基于生态廊道的各种生态流及过程，通常认为增加廊道数目可以减少生态流被截留和分割的概率。因此，生态廊道的数目通常被认为越多越好。在现实情况下，数目的多少没有明确规定，往往根据景观结构、景观功能和规划目的来具体确定。

（3）廊道连接度

连接度是生态廊道结构的主要量度指标，是指生态廊道空间上的连续性度量及各点的连接程度，对物种迁移与河流保护等都非常重要。道路通常是影响生态廊道连接度的重要因素，同时，廊道上退化或受到破坏的片段也是降低连接度的因素。廊道连通性的高低决定了廊道的通道功能和屏障功能大小。规划与设计中的一项重要工作就是通过各种手段增加连接度（朱强等，2005）。

（4）廊道网络

生态廊道并不局限于一条都市绿色廊道或景观绿带，从空间结构上看，生态廊道的构思更主要是由纵横交错的廊道和绿色节点构建起来的绿色生态网络体系，是城市社会、经济和自然复合系统重建的绿色战略构想和行动方案，因此具有整体性、系统内部高度关联性等不同于单一城市廊道的特征。实际上，自成体系的绿地系统与城市建设实体共同构成了共轭关系，表现为前者避免或限制了城市无休止的蔓延，为城市提供了良好的环境；后者则提升了前者的生态和文化等内涵，体现了其存在的价值。构建多层次、多功能的复合型网络式生态廊道体系，形成多样化的城镇群生态格局，能有效对城镇群进行生态补偿。

第二节　关中城镇群生态空间结构优化布局应用实践

一、关中城镇群概况

关中城镇群位于我国西部地区陕西省中部地区（33°35′～35°52′N，106°20′～110°20′E），辖西安、咸阳、渭南、宝鸡、铜川五个地级市及杨凌国家农业示范区。全区土地总面积 5.53 万平方千米，约占陕西省国土面积的 26.87%。关中城镇群整体地形南北高、中部低，南依秦岭、北通黄土高原、东临黄河，中部为三面环山的河谷平原，区内渭河横贯东西，多条客水南北入境，暖温带半湿润半干旱气候带来较为丰富的水热资源。2015 年年初，该区人口总量 2 371.29 万人，GDP 10 969.8 亿元，约占陕西省 GDP 的 62%，城镇化率达 56.2%，是陕西省的政治、经济、文化、交通、物资集聚与扩散中心。作为我国西部受资源环境约束较为严重的城镇群之一（曾鹏、朱玉鑫，2013），关中城镇群快速的城镇化带来的人口集聚使得该区生态环境压力不断增大，并造成以渭河流域为主的局部地区环境污染趋于严重，土地资源愈发紧缺，生态环境逐渐恶化。

二、关中城镇群生态空间结构优化设计的数据源与方法

首先，基于生态安全格局构建方法，根据研究区生态服务重要性和生态环境敏感性评价结果，识别区域生态安全格局的源地；采用最小累积阻力模型测算源地间景观要素流通的相对阻力，建立生态源地扩张阻力面；进而识别缓冲区、源间廊道、辐射道及生态战略节点等其他生态安全格局组分，构建区域生态安全格局。其次，基于区域生态安全格局的构建，识别主要生态安全格局组分并分析其空间分布特征，依据研究区自然地理特征及当前土地利用现状，参考郭荣朝等（2010）提出的"廊道组团网络化"城镇群生态空间结构优化组合模式，对各组分要素进行空间优化重组，实现研究区生态空间结构的优化布局。

1. 数据源

数据源包括遥感数据、气温降水、自然保护区等空间分布数据（表7–3）。其中，土地利用、气温降水及土壤数据均源自中国科学院资源环境科学数据中心（http://www.resdc.cn/）；高程坡度数据来自地理空间数据云（http://www.gscloud.cn）；MODIS NDVI数据产品（MOD13Q1）下载自美国航空航天局（NASA）网站；自然保护区数据来自中国生态系统评估与生态安全数据库（http://www.ecosystem.csdb.cn）；基础地理数据来自国家地理信息中心网站（http://ngcc.sbsm.gov.cn）。在ArcGIS 10.2软件支持下，将所有空间数据统一为Albers等积圆锥投影（Albers Conic Equal Area）并重采样成500米×500米栅格单元大小进行计算。

表7–3　研究所用数据源

数据名称	分辨率	格式	数据描述
土地利用	1∶10万	矢量	基于2015年Landsat 8影像人工解译获得
气温降水	500米	栅格	采用全国气象站点数据插值并计算多年均值获得
土壤	1 000米	栅格	基于1∶100万土壤类型图及第二次土壤普查数据获得
高程坡度	90米	栅格	来自STRM DEM数据产品并由此计算坡度
植被覆盖	250米	栅格	对2015年MODIS NDVI数据产品（MOD13Q1）求年均值
净初级生产力	500米	栅格	由肖向明等（Xiao et al., 2004）发展的VPM模型计算获得
自然保护区	—	矢量	—
基础地理	1∶400万	矢量	包括行政区划、道路交通、河流水系等分布数据

2. 区域生态安全格局构建方法

（1）生态源地识别

依据关中城镇群主要生态系统服务功能与生态敏感性特征状况，结合数据可获取性和客观性等原则，在参考《全国生态功能区划》《陕西省主体功能区划》等已有研究成果的基础上，选取相关指标进行生态服务重要性及生态环境敏感性评价，以识别生态保护源地。

生态服务重要性评价，选取关中城镇群最为重要的土壤保持、水源涵养、生物多样性维持和固碳释氧四类生态系统服务功能作为评价因子。其中，土壤保持通过修正的通用土壤流失方程计算潜在土壤侵蚀量与实际土壤侵蚀量的差值获得（任志远、刘焱序，2013）；水源涵养采用降水贮存量法估算（吴丹，2014）；生物多样性维持服务采用生物多样性服务当量表示（吴健生等，2013）；固碳释氧由 NPP 数据表示。采用自然断点法，将上述服务功能计算结果分别划分为五级并赋值 1～5，赋值越大表示生态服务越重要；将分级后的四类因子进行等权叠加，对其结果采用自然断点法划分为一般重要、较重要、中度重要、高度重要和极重要五个等级，获得生态服务重要性评价结果。

生态环境敏感性评价，选取植被覆盖度、高程、坡度、土地利用类型及土壤侵蚀强度五类指标作为评价因子。其中，土壤侵蚀强度用来表示研究区生态环境最为突出的水土流失敏感性，其值基于修正的通用土壤流失方程计算并分级得到（谢华林、李秀彬，2011）。基于层次分析法确定的权重，对上述五类因子敏感性赋值结果进行加权运算，并使用自然断点法划分为不敏感、轻度敏感、中度敏感、高度敏感和极敏感五个等级，获得生态环境敏感性评价结果（表 7-4）。

表 7-4　生态环境敏感性评价因子分级及权重

评价因子	敏感性赋值					权重
	9	7	5	3	1	
植被覆盖度	>0.75	(0.65, 0.75]	(0.50, 0.65]	(0.35, 0.50]	≤0.35	0.15
高程（米）	≤500	(500, 1 000]	(1 000, 1 500]	(1 500, 2 000]	>2 000	0.20
坡度（°）	≤5	(5, 10]	(10, 15]	(15, 25]	>25	0.25
土地利用类型	林地、水域	草地	园地	耕地	其他用地	0.10
土壤侵蚀强度	极强烈侵蚀	强烈侵蚀	中度侵蚀	轻度侵蚀	微度侵蚀	0.30

最后，提取生态服务重要性评价中高度重要与极重要级别、生态环境敏感性评价中高度敏感与极敏感级别，作为研究区的生态保护源地。

（2）生态廊道识别

基于 ArcGIS 10.2 中 Cost-distance 模块，采用最小累积阻力模型，通过计算生态源地到其他景观单元所耗费的累积距离，以测算其向外扩张过程中各种景观要素流、生态流扩散的最小阻力值，进而判断景观单元与源地之间的连通性和可达性（Yu，1996）。

因景观覆盖类型、地形坡度是制约生态源地向外扩张的主要阻力来源，而生态环境敏感性等级与生态源地扩张过程密切相关（欧阳志云等，2015；杨姗姗等，2016）。故研究依据研究区主要生态环境特征，选取地形位指数（喻红、曾辉，2001）、土地利用类型、土壤侵蚀强度三个因子作为阻力因子，分别设置相对阻力值，并基于层次分析法确定的权重，加权求和计算生态源地向外扩张的累积耗费阻力（表 7–5）。其中，各因子相对阻力值越大，则生态源地向外扩张的阻力越大；反之越小。

（3）区域生态安全格局构建

在生态源地扩张阻力面建立的基础上，通过分析其阻力曲线与空间分布特征，识别生态源地缓冲区、源间廊道、辐射道及关键生态节点等其他生态安全格局组分，构建关中城镇群生态安全格局。其中，生态源地缓冲区根据最小阻力值与其面积的关系曲线，基于阈值限定划分得到，结果包括高、中、低三级不同安全级别；源间廊道与辐射道分别依据生态源地之间、以生态源地为中心向外辐射的低累积阻力谷线得到；关键生态节点则主要是阻力面上相邻两生态源地间等阻力线的切点及源间廊道与等阻力线的交点。

表 7–5　模型阻力因子权重及其分类结果

阻力因子	权重	相对阻力值						
		0	10	30	50	70	90	100
土地利用类型	0.3	林地	水域及湿地	草地	耕地	其他用地	—	建设用地
地形位指数	0.3	—	0.891～1.406	0.699～0.891	0.502～0.699	0.290～0.502	0.119～0.290	—
土壤侵蚀强度	0.4	—	微度侵蚀	轻度侵蚀	中度侵蚀	强烈侵蚀	极强烈侵蚀	—

3. 生态空间结构优化布局设计

以识别的生态源地作为约束条件，依托地形地貌特征构筑生态安全屏障，划分城镇群内部生态主体功能分区；以主要河流水系、道路交通为轴线，辐射识别的源间廊道及辐射道，连通主体功能分区，构建区域生态廊道网络体系；以不同安全级别缓冲区景观类型为生态基质，统筹主要城市发展组团，结合关键生态节点，强化生态城市发展组团及绿心生态保护建设。通过绿心组团、廊道网络、生态功能分区等"点—线—面"生态空间结构要素的优化重组，构建一个多层次、复合型"绿心廊道组团网络化"城镇群生态空间结构体系。

三、关中城镇群生态安全格局构建与空间分析

1. 生态源地分布格局

基于关中城镇群生态服务重要性和生态环境敏感性的评价结果（图 7–2a、图 7–2b），识别的生态源地如图 7–2c 所示。关中城镇群生态源地面积共 26 191.19 平方千米，占全区总面积的 47.51%；其中，生态服务高度重要及以上区域面积 21 217.37 平方千米，生态环境高度敏感及以上区域面积为 5 499.31 平方千米，分别占全区总面积的 38.48%和9.97%（表 7–6）。

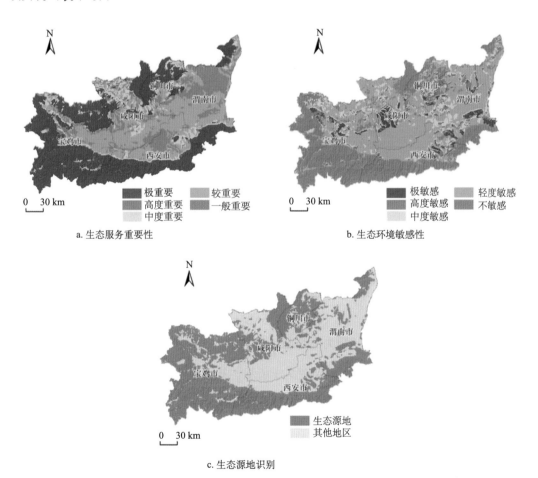

图 7–2 生态服务重要性和生态环境敏感性评价结果与生态源地分布

表 7–6 生态服务重要性和生态环境敏感性评价结果

生态服务重要性			生态环境敏感性		
评价等级	面积（平方千米）	比例（%）	评价等级	面积（平方千米）	比例（%）
一般重要	9 973.94	18.09	不敏感	21 745.50	39.44
较重要	16 819.13	30.51	轻度敏感	21 084.63	38.24
中度重要	7 124.44	12.92	中度敏感	6 805.50	12.34
高度重要	13 976.81	25.35	高度敏感	3 818.00	6.92
极重要	7 240.56	13.13	极敏感	1 681.31	3.05

由图 7–2c 可以看出，关中城镇群生态源地主要分布在境内东南部的关山—秦岭山区、宝鸡北部丘陵沟壑区、咸阳和铜川北部交接县山区以及韩城西部山区。这些区域作为保障关中城镇群生态安全的基本区域，是城镇化发展与资源环境开发建设的生态底线，必须严格禁止开发建设活动。其中，林地是生态源地最主要的土地利用类型，其面积占生态源地总面积的 77.02%；耕地、草地面积比例分别为 16.87% 和 4.25%；建设用地面积比例为 1.49%，可见有部分生态源地遭到不合理的开发建设；此外，水域和湿地、其他用地面积比例均不足 1%（表 7–7）。

表 7–7 生态源地区域内土地利用类型面积分布

土地利用类型	面积（平方千米）	比例（%）
耕地	4 418.25	16.87
林地	20 171.38	77.02
草地	1 113.06	4.25
水域和湿地	76.06	0.29
建设用地	390.50	1.49
其他用地	21.94	0.08

2. 生态源地扩张最小累积阻力面特征

生态源地扩张最小累积阻力面如图 7–3 所示。其中，研究区中部渭河中下游平原地区生态源地扩张最小累积阻力值最高，特别是在咸阳市南部市县（兴平市、武功县、礼泉县、乾县、泾阳县），西安市北部区县（市辖区、高陵县、周至县、户县等），咸阳市中部区县（高临渭区、蒲城县、大荔县）及杨凌国家级示范区。这些区县地形较为平坦，人类活动较强；与此相比，周边地形地貌复杂，人类活动及影响相对较小，故生态源地扩张阻力在这里形成低谷。

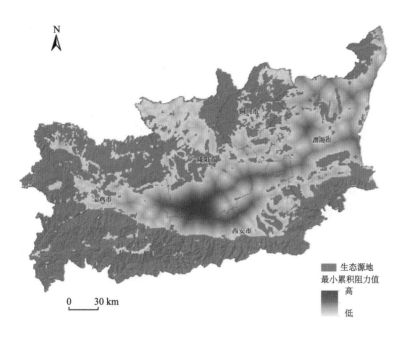

图 7–3　最小累积耗费阻力面分布

3. 关中城镇群生态安全格局特征

在阻力面建立的基础上，分别识别不同安全水平缓冲区、源间廊道、辐射道、生态节点并对其进行叠置组合，构建关中城镇群生态安全格局（图 7–4）。其中，生态源地外该区低、中、高水平安全面积分别为 21 579.44 平方千米、5 437.63 平方千米和 1 926.69 平方千米，分别占研究区总面积的 39.14%、9.86% 和 3.49%。对低水平安全格局区域，应不断加强生态保护建设，开展生态修复与治理工作，以维持生态系统功能和服务的稳定；对中、高水平安全格局区域，应在保障区域城市生态安全及耕地保有量的基础上，适当进行城镇化建设与开发并优先开发高水平安全格局区域。

基于生态廊道识别方法，识别源间廊道 47 条、辐射道 22 条，二者总长约 1 600.74 千米；提取关键生态节点 31 处。受研究区地形地貌及生态源地等分布特征影响，源间廊道多呈南北走向分布，且彼此间相互连通形成网络化的程度较低，不利于生态源地间景观流和生态流的相互扩散，故需在生态廊道网络的架构中对其进行空间优化布局。此外，识别的关键生态节点主要位于等阻力线与廊道的交点及两源间等阻力线的切点处，它们是生态源地间廊道最为脆弱的区域。

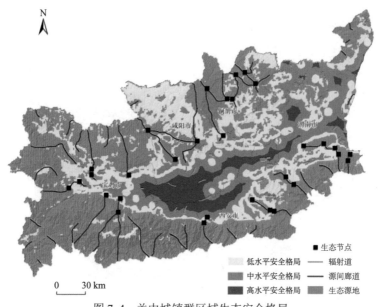

图 7-4   关中城镇群区域生态安全格局

四、关中城镇群生态空间优化布局方案设计

依据关中城镇群自然地理特征与当前土地利用现状，根据空间相互作用与互利共生、协同进化原理，基于对区域生态安全格局各组分要素的优化重组，提出关中城镇群生态空间结构优化布局的主要思路是：以山、林、田、城为基质要素，以生态节点、主要城镇及自然保护区等为生态绿心，以辐射道和源间廊道的主要河流水系、道路交通为生态廊道，以主要城市辐射周边城镇发展区为城市发展生态组团；通过生态绿心点缀生态基质、生态廊道连通生态功能分区、生态组团间协同共生，构建以"四带、三区、七组团、十廊道、多中心"为核心的"绿心廊道组团网络化"生态空间优化布局模式，形成关中城镇群多层次、复合型和网络化生态空间结构体系（表 7-8）。

表 7-8   "四带、三区、七组团、十廊道、多中心"内涵解析

核心概念		概念解释
"四带"		北山生态防护带、秦岭北麓生态防护带、沿黄生态防护带、渭河中央生态带
"三区"		南部水源涵养与生态风景区、北部土壤保持与生态保育区、中部都市农业生态区
"七组团"		分别以西咸大都市、宝鸡、渭南、铜川、韩城、华阴市辖区和杨凌示范区为核心的城市发展生态组团
"十廊道"	自然生态廊道	以千河、黑河、泾河—灞河、石川河及北洛河为主轴线的河流生态廊道
	人工生态廊道	以宝汉、福银、宝昆、包茂及西安绕城高速等为主轴线高速路生态廊道
"多中心"		以自然保护区生态节点、中心城市生态节点、生态战略节点为主的生态绿心

1. 构建生态安全屏障，划分生态功能分区

依托关中平原与南部秦岭、北部山脉及东部黄河的地势地貌分界线，分别打造秦岭北麓、北山、沿黄生态防护带，构建城镇群平原地区生态安全屏障并依此划分南部、中部、北部生态主体功能分区，构筑"三带、三区"生态安全分区保障。其中，南部地区以其丰富的森林资源及旅游资源，为主要城镇化地区发展提供水源涵养、生物多样性维持、固碳释氧等生态系统服务及发挥生态人文旅游功能；北部地区以培育经济防护林、提高植被覆盖度为主，改善其水土流失状况并提升当地经济效益；中部地区则以为促进城市发展提供所需的农副产品为主，为该区城镇化发展及人口经济集聚提供基本保障。

2. 连通自然人工廊道，构筑生态网络体系

以渭河为东西主轴线打造渭河中央生态带，连通以千河、黑河、泾河—灞河、石川河、北洛河等为轴线的自然生态廊道，以及以宝汉、福银、宝昆、包茂高速等为轴线的人工生态廊道，构筑"一带十廊"生态网络结构体系。其中，加大对自然、人工生态廊道网络沿线的生态绿化建设，提升生态源地连通度并促进其间生态流、能量流及物种等的扩散与流动，防止水土流失，涵养水源，维持生物多样性；同时，加强对以渭河中下游干支流为主的河流水系的污染防治，提升河流水质并促进水资源可持续利用。此外，依托人工交通廊道布局，连接城镇群周边区域，拓展城市化发展方向。

3. 统筹城市发展组团，强化生态绿心建设

统筹以西咸大都市区为核心，以宝鸡、杨凌、渭南、铜川、韩城和华阴为副中心的城市发展生态组团，通过绿色生态廊道网络串联，促进城镇群整体、各城市组团内部绿色低碳、生态宜居城镇化发展布局。同时，加强对诸如关键生态节点、生态中心城市及自然保护区等城镇群生态绿心的生态治理与环境保护力度，维护局部地区生态环境质量，构建"七组团、多中心"绿心组团式城镇群生态保护重心。

第三节 京津唐城镇群生态廊道优化布局应用实践

一、京津唐城镇群概况

京津唐城镇群地区范围包括北京、天津两个直辖市和河北省的唐山、廊坊、秦皇岛三个地级市，总面积 5.5 万平方千米，城市常住人口 2 936.86 万人。京津唐城镇群继长三角、珠三角城镇群之后成为我国经济增长的第三极，作为北方地区经济发展重心，在我国政治、经济发展中起着重要的战略地位。

本区位于我国东部半湿润与半干旱区过渡带上，生态环境脆弱，较其他沿海经济区更易受到水源不足的威胁。改革开放以来，京津唐城镇群建设用地快速增长与高强度开发，特别是大规模科技园区、经济园区与工业园区等新开发区建设，城镇群正形成大都市连绵带，城市快速增长与水土资源矛盾日益突出。此外，京津唐地区排污量巨大，面临严峻的生态环境问题。

二、京津唐城镇群生态廊道优化设计方法

生态廊道规划与设计经验表明，一个区域根据地形地貌、景观发展适宜度需要有30%～75%的景观生态用地。这些高适宜度的地方主要是高度肥沃之地或者地形起伏变化较大的地区，这些地区几乎能有1/3的潜力支撑发展绿道或绿色空间。

线性景观要素被认为适合于物种迁徙传播的一种廊道，因此，在农业景观区被认为是可行的缓和景观破碎化对自然区域带来的负面影响的办法。生境破碎化被认为是自然与半自然生态系统的生物多样性保护的主要问题之一。对于生境破碎化的原因分析缺乏，具体可行的方法未被证实，设计线性生态系统作为廊道是通常的做法，但没有实践的经验说明关于保护特殊物种需要多少廊道设计以及多少距离长度能够连接节点。

京津唐城镇群生态廊道优化布局设计重点在三个尺度上进行（图7-5）：宏观上，系统梳理研究国内外生态廊道建设及其与城市、人口、用地结构关系，构建城镇群生态廊道，形成以生态廊道为骨架的网络格局，实现生态格局的优化；中观上，基于模型与空间分析方法，将各功能生态廊道具体落实到空间位置，明确各廊道的功能定位并计算各

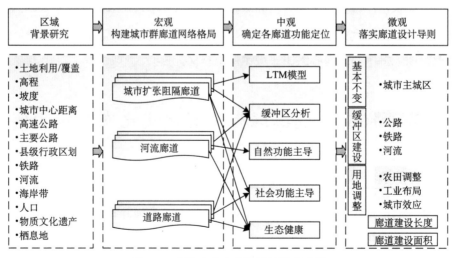

图7-5 京津唐生态廊道设计技术流程

廊道建设控制指标；微观上，结合京津唐土地利用方式，针对河流廊道、道路廊道、城市扩张阻隔廊道以生态文明设计为原则，实现居民的生活与休闲、植被的生长与演替、动物的栖息与繁衍，实现城市与生态关系的和谐共生。

三、京津唐城镇群生态廊道优化布局方案设计

1. 优化布局设计思路

借鉴国内外主要的研究成果及实践经验，京津唐生态廊道优化布局的主要思路是"三横向、一纵向"。"三横向"指的是道路廊道、城市扩张阻隔廊道与河流廊道三类典型生态廊道；"一纵向"指三类典型生态廊道共同构成的复合生态廊道网络体系。其中，道路廊道与城市扩张阻隔廊道组合规划，形成较具人文特征的廊道；河流结合生物保护与水源保护等单独考虑。其中，全区生态廊道的主要优化设计思路如下：

（1）以城市为节点的外围扩张阻隔廊道为主，配合向外联系与辐射的主要道路体系，构成城镇群城市单体之间的沟通廊道。城市外围扩张阻隔廊道的主要功能是划定城市扩张的范围界限，延缓或阻止无序低效的城市扩张步伐，同时，为城市人群提供游憩休闲场所等。京津唐城镇群主要的城市单体为北京、天津、唐山、秦皇岛。为有效达到合理控制城市扩张的目的，沿现有城市建设用地外围线建设 10 千米宽度生态廊道。主要的道路生态廊道选择连接京津唐城市单体间的铁路及公路干线，沿道路两旁依据实际的自然及人文情况设置 30～100 米的绿色廊道。

（2）以自然与生物保护区与主要水源地为节点，构筑主要河流干、支流体系的河流廊道。京津唐城镇群的主要水源地有官厅水库、密云水库、于桥水库、团泊洼水库和北大港水库等；主要的生物保护区有天津古海岸与湿地国家级自然保护区、河北柳江盆地地质遗迹国家级自然保护区、北京百花山国家级自然保护区，并毗邻河北小五台山国家级自然保护区与河北大海陀国家级自然保护区等；主要的河流有海河与滦河水系，干支流密布，选取主要的干流及一级支流河流两侧建设生态廊道，干流生态廊道设定宽度 100米，支流 50 米。

（3）以道路、河流、城市、自然保护区与水源地多节点、多网络构筑城镇群生态廊道网路体系。京津唐城镇群的生态廊道体系规划虽然在横向上因为主要生态功能与自身特性的原因，单独或有所区别考虑，但就生态廊道布局与规划而言，是一个复合与内部相互联系的整体，既具有分离性又具有内在的联系性。所有构成廊道体系的节点、斑块与绿带共同构成生态廊道网络系统，是整个城镇群的骨架，发挥其应有的生态功能，共同形成整个城镇群生态安全格局。

2. 优化布局设计结果

基于上述设计思路，对京津唐城镇群河流生态廊道、道路生态廊道、城市扩张阻隔廊道分别进行优化设计。

（1）河流生态廊道

在充分考虑河道与城市形态、景观优化、日常生活和历史遗产等的关系基础上，将京津唐城镇群河道邻近土地与河道一起纳入规划控制范围，作为河流生态廊道。其中，共规划设计河流廊道面积 6 230.10 平方千米，已形成廊道 4 361.83 平方千米（图 7–6）。

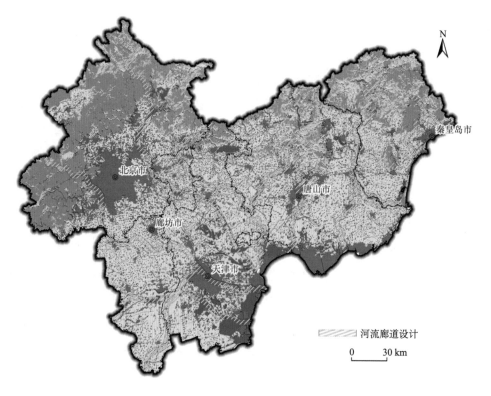

图 7–6　河流生态廊道设计

（2）道路生态廊道

道路廊道建设则主要在已有铁路、高速公路、省道、国道、城际高铁等道路综合信息的基础上，利用空间分析，形成贯通式网状廊道结构设计，充分起到优化景观布局，减弱城市间热岛效应，降低污染，有效形成生态与环境保护机制。规划设计道路廊道共7 316.11 平方千米，其中已形成 3 190.83 平方千米（图 7–7）。

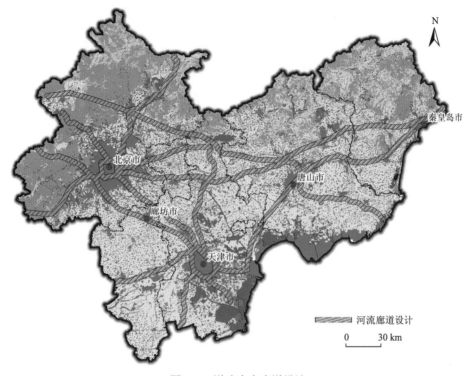

图 7-7 道路生态廊道设计

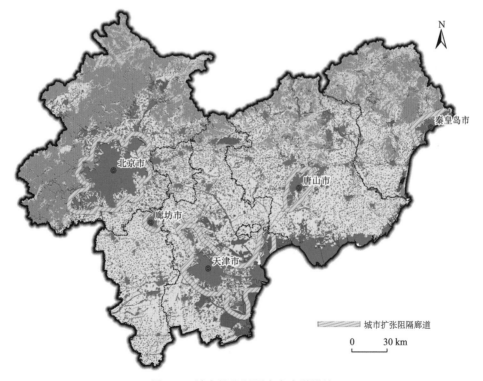

图 7-8 城市扩张阻隔生态廊道设计

（3）城市扩张阻隔生态廊道

基于未来城市扩张模拟，充分考虑城市发展制约因素，结合多要素数据层，利用空间分析功能，实现城市扩张阻隔廊道的设计。规划设计城市扩张阻隔生态廊道共计2 849.76平方千米，其中北京市993.58平方千米，唐山市327.47平方千米，天津市1 196.45平方千米，廊坊市134.58平方千米和秦皇岛市197.69平方千米。与土地利用类型叠加分析，实际需建设城市阻隔生态廊道1 983.42平方千米，在城市周边部分区域已形成林地生态阻隔（图7-8）。

第四节　结论与展望

优化城镇群生态空间结构，构建区域生态安全格局，有助于缓解城镇群社会经济发展与生态保护之间的矛盾，促进地区社会经济发展与生态环境相协调。本章以城镇群生态空间结构优化为主要内容，基于城镇群生态空间基本概念、区域生态安全格局构建、"廊道组团网络式"生态空间结构优化组合模式及生态廊道优化布局等原理与方法，结合关中城镇群和京津唐城镇群生态廊道优化应用实例，以优化城镇群地区生态空间结构、保障区域生态安全和促进区域可持续发展为目标，综合考虑各城镇群地区社会经济发展状况和生态服务需求现状，建立了城镇群生态空间结构及生态廊道优化布局方案。

我国城镇群在发展过程中，受政策体制、规划导向、社会历史文化、资源环境承载能力等因素的影响，需要通过各种引导机制，优化城镇群生态空间格局，逐步形成"廊道组团网络化"城镇群生态空间结构，促进城镇群地区社会经济和资源环境的协调发展。

参 考 文 献

Guo, R. C., Miao, C. H., Li, X. X., et al. Eco-spatial Structure of Urban Agglomeration. *Chinese Geographical Science*, 2007, 17(1): 28-33.

Kuang, W. H. Simulating Dynamic Urban Expansion at Regional Scale in Beijing-Tianjin-Tangshan Metropolitan Area. *Journal of Geographical Sciences*, 2011, 21(2): 317-330.

Kuang, W. H. Evaluating Impervious Surface Growth and Its Impacts on Water Environment in Beijing-Tianjin-Tangshan Metropolitan Area. *Journal of Geographical Sciences*, 2012, 22(3): 535-547.

Kuang, W. H. Spatio-temporal Patterns of Intra-Urban Land Use Change in Beijing, China between 1984 and 2008. *Chinese Geographical Science*, 2012, 22(2): 210-220.

Kuang, W. H., Yang, T. Y., Liu, A. L., et al. An Eco City model for Regulating Urban Land Cover Structure and Thermal Environment: Taking Beijing as an Example. *Science China: Earth Sciences*, 2017, 60(6): 1098-1109.

Kuang, W. H., Yang, T. Y., Yan, F. Q. Examining Urban Land-cover Characteristics and Ecological Regulation during the Construction of Xiong'an New District, Hebei Province, China. *Journal of Geographical Sciences*, 2018, 28(1): 109-123.

Longley, P., Batty, M., Shepherd, J., et al. Do Green Belts Change the Shape of Urban Areas? A Preliminary Analysis of the Settlement Geography of South East England. *Regional Studies*, 1992, 26(5): 437-452.

Nancy, B., Grimm, J., Morgn, G., et al. Integrated Approaches to Long-Term Studies of Urban Ecological System. *BioScience*, 2000, 50(7): 262-281.

Xiao, X. M., Zhang, Q. Y., Braswell, B., et al. Modeling Gross Primary Production of Temperate Deciduous Broadleaf Forest Using Satellite Images and Climate Data. *Remote Sensing of Environment*, 2004, 91(2): 256-270.

Yu, K. J. Security Patterns and Surface Model in Landscape Ecological Planning. *Landscape and Urban Planning*, 1996, 36(1): 1-17.

陈勇："基于生态安全的珠三角城镇群生态空间格局",《2005 城市规划年会论文集》,中国城市规划学会,2005 年。

方创琳："中国城镇群研究取得的重要进展与未来发展方向",《地理学报》,2014 年第 8 期。

方创琳、周成虎、顾朝林等："特大城镇群地区城镇化与生态环境交互耦合效应解析的理论框架及技术路径",《地理学报》,2016 年第 4 期。

冯长春、曹敏政、谢婷婷："不同生态保育尺度下铜陵市土地利用结构优化",《地理研究》,2014 年第 12 期。

顾朝林："城镇群研究进展与展望",《地理研究》,2011 年第 5 期。

郭清和："广州市城市森林服务功能及价值研究"(博士论文),中南林学院,2005 年。

郭荣朝、苗长虹："城市群生态空间结构研究",《经济地理》,2007 年第 1 期。

郭荣朝、苗长虹、夏保林等："城镇群生态空间结构优化组合模式及对策:以中原城镇群为例",《地理科学进展》,2010 年第 3 期。

蒋艳灵、刘春腊、周长青等："中国生态城市理论研究现状与实践问题思考",《地理研究》,2015 年第 12 期。

匡文慧:《城市地表热环境遥感分析与生态调控》,科学出版社,2015 年。

李博:《生态学》,高等教育出版社,2000 年。

李玏、刘家明、宋涛等："北京市绿带游憩空间分布特征及其成因",《地理研究》,2015 年第 8 期。

李双成、赵志强、王仰麟："中国城市化过程及其资源与生态环境效应机制",《地理科学进展》,2009 年第 1 期。

李潇然、李阳兵、王永艳等："三峡库区县域景观生态安全格局识别与功能分区:以奉节县为例",《生态学杂志》,2015 年第 7 期。

李宗尧、杨桂山、董雅文："经济快速发展地区生态安全格局的构建:以安徽沿江地区为例",《自然资源学报》,2007 年第 1 期。

吕贤军、李铌、李志学："城镇群地区城乡生态空间保护与利用研究:以长株潭生态绿心地区为例",《城市发展研究》，2013 年第 12 期。

马克明、傅伯杰、黎晓亚等："区域生态安全格局：概念与理论基础"，《生态学报》，2004 年第 4 期。

欧定华、夏建国、张莉等："区域生态安全格局规划研究进展及规划技术流程探讨"，《生态环境学报》，2015 年第 1 期。

欧阳志云、李小马、徐卫华等："北京市生态用地规划与管理对策"，《生态学报》，2015 年第 11 期。

彭建、汪安、刘焱序等："城市生态用地需求测算研究进展与展望"，《地理学报》，2015 年第 2 期。

任志远、刘焱序："西北地区植被保持土壤效应评估"，《资源科学》，2013 年第 3 期。

荣冰凌、李栋、谢映霞："中小尺度生态用地规划方法"，《生态学报》，2011 年第 18 期。

吴丹："中国主要陆地生态系统水源涵养服务研究"（博士论文），中国科学院大学，2014 年。

吴健生、张理卿、彭建等："深圳市景观生态安全格局源地综合识别"，《生态学报》，2013 年第 13 期。

肖笃宁："生态脆弱区的生态重建与景观规划"，《中国沙漠》，2003 年第 1 期。

肖笃宁、高峻、石铁矛："景观生态学在城市规划和管理中的应用"，《地球科学进展》，2001 年第 16 期。

肖化顺："城市生态廊道及其规划设计的理论探讨"，《中南林业调查规划》，2005 年第 2 期。

谢花林、李秀彬："基于 GIS 的区域关键性生态用地空间结构识别方法探讨"，《资源科学》，2011 年第 1 期。

杨姗姗、邹长新、沈渭寿等："基于生态红线划分的生态安全格局构建：以江西省为例"，《生态学杂志》，2016 年第 1 期。

尹海伟、孔繁花、祈毅等："湖南省城镇群生态网络构建与优化"，《生态学报》，2011 年第 10 期。

喻红、曾辉："快速城市化地区景观组分在地形梯度上的分布特征研究"，《地理科学》，2001 年第 1 期。

俞孔坚、王思思、李迪华等："北京市生态安全格局及城市增长预景"，《生态学报》，2009 年第 3 期。

曾鹏、朱玉鑫："中国十大城镇群生态发展状况比较研究"，《地域研究与开发》，2013 年第 1 期。

赵婷婷、何娇、唐凯等："长株潭城镇群生态空间结构优化研究"，《内蒙古农业科技》，2012 年第 1 期。

周锐、王新军、苏海龙等："平顶山新区生态用地的识别与安全格局构建"，《生态学报》，2015 年第 6 期。

朱强、俞孔坚、李迪华："景观规划中的生态廊道宽度"，《生态学报》，2005 年第 9 期。

第八章　城镇群地区空间规划的虚拟现实系统

本章主要介绍城镇群地区空间规划的虚拟现实系统设计与功能模块，包括城镇群空间数据管理模块、地图操作模块、土地动态演化模块、城镇群边界识别模块、国土开发适宜性评价模块、生态用地需求模块、资源环境承载力测算模块、情景模拟模块等。以京津冀地区为案例，通过三维地理信息系统技术和城镇群地区空间规划模型的结合，实现在三维场景中城镇群地区的空间数据分析和辅助决策。

第一节　系统总体介绍

一、系统概要

城镇群地区空间规划的虚拟现实系统是在"十二五"国家科技支撑计划课题的支持下研发的三维地理信息系统，系统集成了京津冀地区高精度遥感影像、地形、行政区划、2000～2015年土地利用、人口、社会经济、交通、环境等数据。城镇群地区空间规划的虚拟现实系统以C#为主要开发语言，以城镇群空间规划为开发目标，主要面向城镇群，在三维GIS技术、遥感技术的支持下，结合空间规划模型，进行城镇群地区空间规划关键技术的集成。

系统包含六个主要功能模块：

（1）基础数据库模块，包括京津冀基础数据、土地利用、生态用地、GDP、人口密度、土地利用变化、生态用地变化。

（2）城镇群边界模块，包括核心城镇中心性、通勤能力辐射范围、社会经济联系评估、空间结构模型。

（3）国土开发评价模块，包括国土开发适宜性模型、建设用地总量需求、开发强度模型、开发紧凑度模型、开发程度模型。

（4）生态用地需求模块，包括生境重要性评价、生态源地识别、生态用地总量需求、重要生态斑块分布、重要生态廊道分布。

（5）资源环境承载力模块，根据资源消耗和污染排放计算京津冀地区资源环境承载力。

（6）情景模拟模块，包括空间结构模拟、国土开发评价模拟、开发密度模型模拟、资源环境承载力模拟。

二、系统安装与卸载

1. 系统运行环境

（1）硬件配置

CPU：主频 2GHz 或更高，推荐使用 3GHz。

内存：不少于 128M，推荐使用 256M 及更高。

硬盘：不少于 20GB、5 400RPS，推荐使用 60GB、7 200RPS。

其他：以太网、高性能显示系统，推荐使用 100/1 000MBps 网卡。

（2）软件配置

Windows2000/XP/Windows7 环境，推荐使用 Windows7 系统，兼容.NET2.0。

本系统是基于 ArcGIS Engine 二次开发，详细介绍了基于 ArcGIS Engine 组件的开发方式。总体设计思路是基于 ArcGIS Engine 提供的空间数据处理、数据编辑、空间分析等组件，利用可视化开发工具 VS 进行系统的开发。系统主要由 GIS 功能模块和城镇群信息模块组成，其中 GIS 功能主要包括视图浏览、矢量图层的查询、属性管理、图形操作、基本的空间分析及各种专题图件输出等。GIS 功能采用 ArcGIS Engine 的接口技术来实现，对于部分简单的 GIS 功能，直接调用 ArcGIS Engine 提供的工具按钮实现，对于复杂的 GIS 功能，如旅游信息模块等则通过调用 ArcGIS Engine 对象库中的函数和控件并结合 C#编程方法实现。本地理信息系统研制使用了面向对象开发语言并充分利用了 ArcGIS Engine 提供的基本的图形操作、数据编辑、图形显示、空间分析等组件来搭建，该法有效地提高了应用地理信息系统的开发效率，且具有良好的用户界面和完善的功能。基于 ArcGIS Engine 开发的信息系统最大的特点是能完全脱离 ArcGIS 软件系统在 Windows 环境下独立运行，而且操作简单方便。

2. 安装系统

（1）双击"setup. exe"开始安装（图 8–1）。

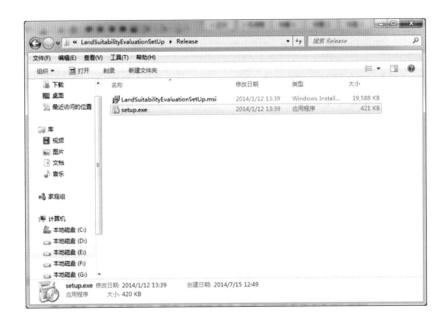

图 8–1　双击"setup.exe"开始安装

（2）点击"下一步"（图 8–2）。

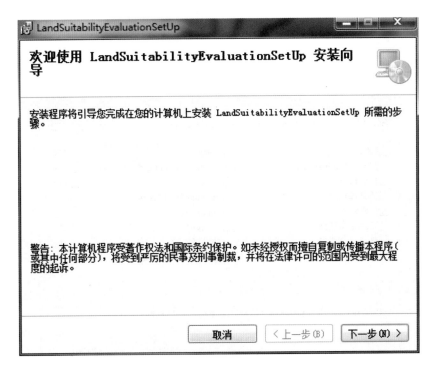

图 8–2　点击"下一步"

（3）点击"浏览"更改安装目录（图8-3）。

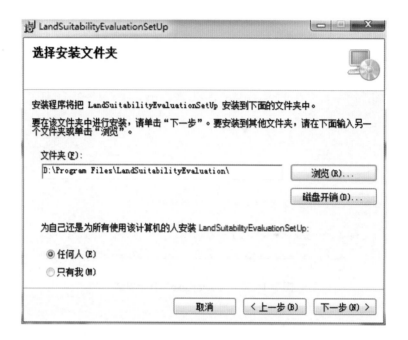

图8-3 点击"浏览"更改安装目录

（4）选择安装路径，点击"确定"（图8-4）。

图8-4 选择安装路径

（5）点击"下一步"开始安装（图8–5）。

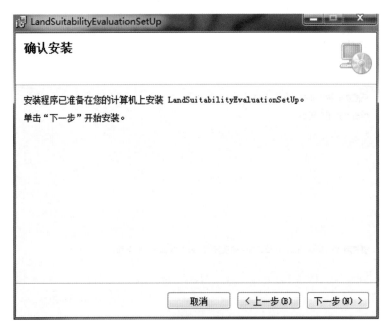

图 8–5　确认安装

（6）开始安装系统（图8–6）。

图 8–6　正在安装

（7）点击"关闭"，完成系统的安装（图 8–7）。

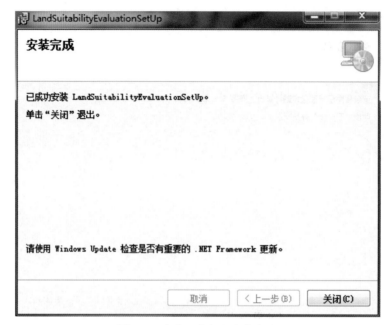

图 8–7　点击"关闭"安装完成

3. 卸载系统

（1）通过菜单，依次选择"开始"—"程序"—"城镇群系统"—"卸载城镇群系统"或者进入"控制面板"卸载："开始"—"控制面板"—"添加/删除程序"—"城镇群系统"—点击"删除"。

（2）在"添加/删除程序"对话框选择"是"。

（3）开始卸载：直到窗口自动关闭，卸载系统完成。

4. 系统启动与退出

系统安装完成后，将在 Windows 任务栏的"开始|程序"中建立"城镇群系统"程序组。用户通过点击任务栏，选择"开始|程序|城镇群系统"就可以启动系统。

点击应用程序主窗口右上角系统窗口的"关闭"按钮，或选择主菜单"文件"菜单中的"退出"菜单项，系统将提示用户是否存盘并退出系统。

三、系统主界面

1. 系统登录退出

运行系统后，进入系统。系统主界面如图 5–5 所示。

2. 标题栏

系统主界面最顶部为标题栏。

3. 工具栏

工具栏包括数据添加、文件打开、漫游、拖动、缩放、识别、查找、测量、要素选择等工具。

4. 功能区

本系统主要包括四个功能模块：图例控制功能模块、指标操作功能模块、动态演化功能模块和城镇群空间规划功能模块（图 8-8）。

图 8-8　功能区

5. 图层数据显示区

以三维视图形式展示图层数据，并且可以结合工具条的使用，查看任意大小和位置的图层信息，包括图层属性数据，高层数据、遥感影像等。图层数据显示区如图 8–9 所示。

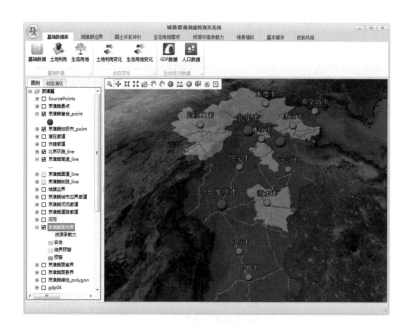

图 8–9　图例控制功能与图层数据显示区协同工作

第二节　系统功能设计与实现

系统主要包括九个功能模块：图例控制功能模块、基础数据库功能模块、资源环境承载力测算功能模块、动态演化功能模块、城镇群边界模块、国土开发评价模块、生态用地需求模块、基本操作模块和情景模拟功能模块。

一、图例控制

图例控制功能用来管理图层的可见性和标签的编辑。图例中往往包括多个图层内容，使用图例控制与图层数据显示区的协同工作功能，可任意切换图层的可见性并保持内容同步；图例控制器的"缩放到图层"快捷菜单，可以使用户在任何情况下准确定位到特定图层。

在图例操作区中的一系列操作都会在图层数据显示区中实时响应，图例控制功能与图层数据显示区的协同工作如图 8-9 所示。

二、基础数据管理

该功能模块不仅包括京津冀基础数据，还包含建设用地和生态用地的查看功能。指标操作功能模块如图 8-10 所示。

图 8-10 指标功能模块

1. 京津冀基础数据

京津冀基础数据分为点、线、面三种图层数据并使用不同的颜色和图标区分。点图层包括京津冀省会、地级市、县、乡镇等；线图层包括京津冀国道、省道、市区道路、县道、高速公路和铁路等；面图层包括京津冀河流、湖泊、绿地、县界等。

点击"基础数据"下选择"京津冀"，可以切换到京津冀基础数据图层（图 8-11）。

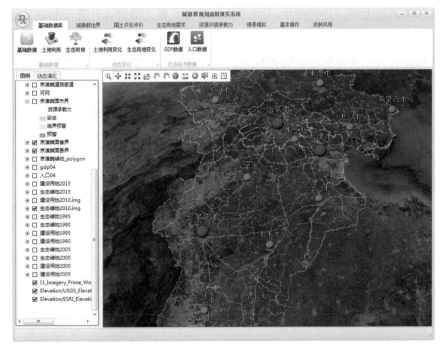

图 8-11 基础数据示意

2. 建设用地

建设用地包括城镇用地、交通运输用地、水利设施用地和未利用地。系统中使用橙色表示城镇用地、交通运输用地、水利设施用地，使用粉色表示未利用地。其中，城镇用地包括城市、建制镇、农村居民点、独立工矿用地、盐田和特殊用地；交通运输用地包括铁路、公路、民用机场、港口码头和管道运输；水利设施用地包括水库水面和水工建筑；未利用地包括荒草地、盐碱地、沼泽地、沙地、裸土地、裸岩石砾地、河流水面、湖泊水面、苇地、滩涂、冰川和其他未利用地。

点击"建设用地"按钮，可以切换到建设用地图层。

3. 生态用地

生态用地包括林地、草地和水面。系统中使用深绿色表示林地，浅绿色表示草地，淡蓝色表示水面。其中，林地包括灌木林地、疏林地、有林地、未成林造林地、迹地和苗圃；草地包括天然草地、改良草地和人工草地；水面包括坑塘水面、养殖水面、水库水面、河流水面和湖泊水面。

点击"生态用地"按钮，可以切换到生态绿地图层。

三、资源环境承载力测算

资源环境承载力测算功能模块以京津冀地区为计算范围进行计算和制图。计算的承载力指标分为资源消耗和污染排放两个大类，其中资源消耗包含每个低级单位的水资源超采比例和建设用地占比两个具体指标，污染排放包含每个低级单位的废水排放指数和PM2.5两项具体指标。根据前面各指标对应的计算公式进行计算和评估并将最终获得的各地区资源环境承载力评级结果展示到图中。在计算中可以将承载力指标任意组合，可以选取单一指标计算展示，也可以选取其中的几个指标进行计算展示。但如果要获取最终综合计算结果，则必须选择全部的承载力指标（图 8–12）。

该模块需要用户选择七个参数并设置各个压力指标的安全性阈值。

（1）图层：指定带有资源环境承载力指标数据的图层。可在下拉菜单中选择当前系统中所有的图层数据。

（2）耗水量和水资源总量：选择指定图层中每个地区的单位耗水总量和水资源总量数据字段名称。可在下拉菜单中选择当前选中图层中所有的属性数据字段（图 8–13）。

图 8-12　资源环境承载力功能模块

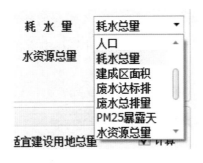

图 8-13　选择耗水总量字段

（3）建设用地现有量：选择指定图层中每个地区的单位当前建成区面积数据字段名称，单位为平方千米。可在下拉菜单中选择当前选中图层中所有的属性数据字段（图 8-14）。

图 8-14 选择建设用地现有量字段

（4）适宜建设用地总量：选择指定图层中每个地区的单位适宜建设用地面积总量数据字段名称，单位为平方千米。可在下拉菜单中选择当前选中图层中所有的属性数据字段（图 8-15）。

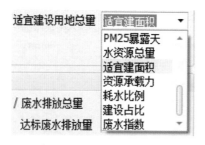

图 8-15 选择适宜建设用地总量字段

（5）达标废水排放量：选择指定图层中每个地区的单位达标废水排放量数据字段名称，单位为万吨。可在下拉菜单中选择当前选中图层中所有的属性数据字段（图 8-16）。

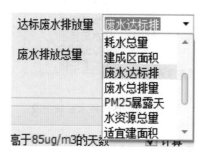

图 8-16 选择达标废水排放量字段

（6）废水排放总量：选择指定图层中每个地区的单位废水排放总量数据字段名称，单位为万吨。可在下拉菜单中选择当前选中图层中所有的属性数据字段（图 8-17）。

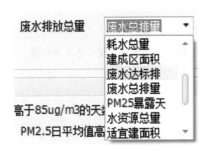

图 8-17　选择废水排放总量字段

（7）PM2.5 日平均值高于 85 微克/立方米的天数：选择指定图层中每个地区的大气重度污染天数数据字段名称，单位为天。可在下拉菜单中选择当前选中图层中所有的属性数据字段（图 8-18）。

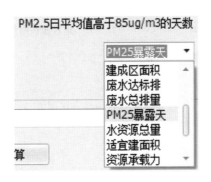

图 8-18　选择空气重度污染天数字段

根据模型设计，每个环境压力指标分为安全、临界预警和预警三个级别，在计算时要分别为每个级别设置阈值，规定每个级别的数值范围。系统为每个环境压力指标设置了缺省的阈值来规定每个压力指标在每个安全级别中的数值范围。因为当前计算范围为京津冀地区，所以阈值设定针对的也是京津冀地区的情况。如果计算范围改变，用户也可以根据计算范围地区的具体情况改变阈值设定各安全级别的数值范围。

（1）水资源超采比例

计算公式：超采比例=地下水资源超采率。

阈值：安全值为 50%，预警值 85%。范围如图 8-19。

（2）建设用地占比

计算公式：建设用地占比=建设用地现有量/适宜建设用地总量。

阈值：安全值为 20%，预警值 50%。范围如图 8-20。

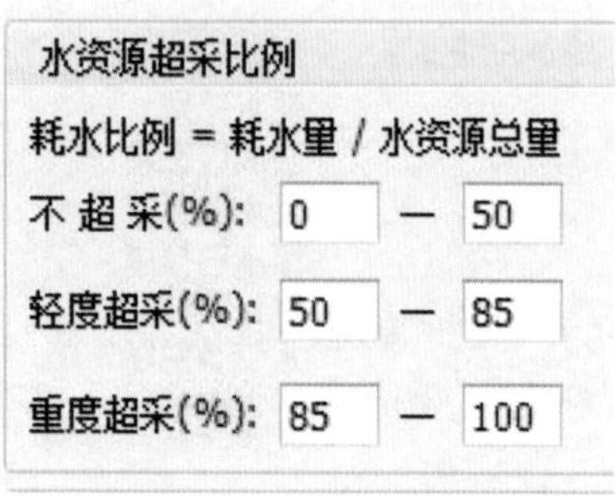

图 8-19   水资源超采比例阈值

图 8-20   建设用地占比阈值

（3）废水排放指数

计算公式：废水排放指数=达标废水排放量/废水排放总量。

阈值：安全值为 99%，预警值 95%。范围如图 8-21。

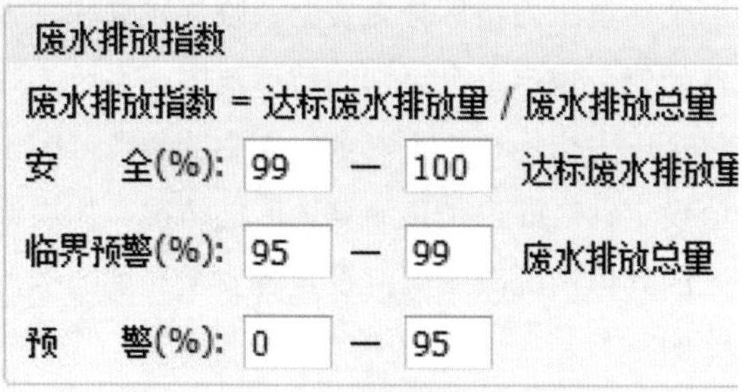

图 8-21   废水排放指数阈值

（4）PM2.5 暴露指数

计算公式：PM2.5 暴露指数= PM2.5 日平均值高于 85 微克/立方米的天数。

阈值：安全值为 100，预警值 200。范围如图 8-22。

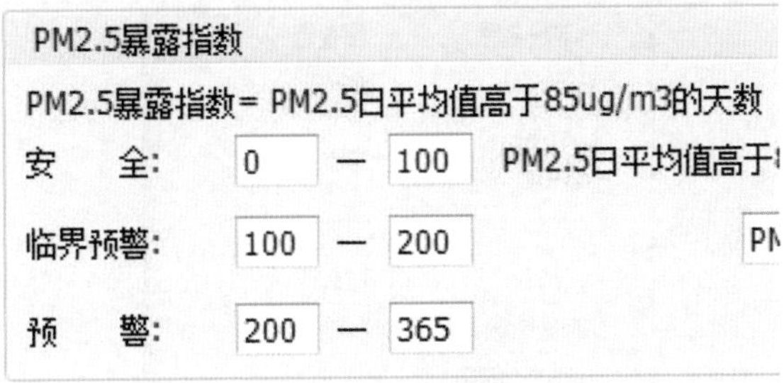

图 8-22　PM2.5 暴露指数阈值

运算结果名称：存储资源环境承载力计算结果的字段名称，该字段存储于上面指定的图层中。

设定好指定图层并选定要参与计算的压力指标，选择每个压力指标在图层中对应的字段名称后就可以开始计算了。点击"计算"开始计算资源环境承载力，当前的计算进度会在进度条中显示出来。

用户通过该系统也可以改变承载力指标数据对计算地区进行模拟和预测分析。想要输入新的指标数据可以通过系统基本操作模块中的属性编辑工具进行操作。

属性编辑窗口分三部分：第一部分选择图层，如图 8-23 所示，用于选择要编辑的图层对象；第二部分字段与属性值列表，如图 8-24 所示，用于将选中图层中要素的字段

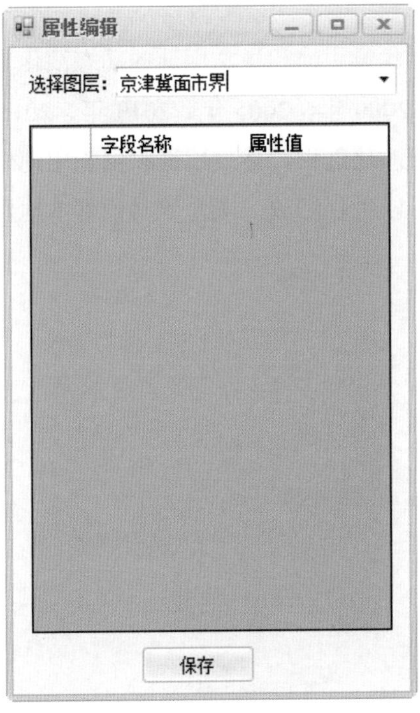

图 8-23　属性编辑窗口

字段名称	属性值
NAME	衡水市
CLASS	0
CODE	
GDP	6521058
人口	436.27
耗水总量	2361
建成区面积	44
废水达标排	5591
废水总排量	5613
PM25暴露天	156
水资源总量	13378.563233
适宜建面积	1098.75
资源承载力	临界预警

图 8-24 属性表

名称与属性值进行显示或者对该要素的属性值进行编辑；第三部分是保存按钮，用于将更改过的属性值保存到图层中，保存成功之后会有弹框提示"保存成功"。如果只是进行查看而没有更改选中要素的属性值，直接退出当前窗口即可。

四、动态演化

动态演化功能模块包括建设用地和生态用地的动态演化功能（图 8-25）。本系统可以查看 1990 年、1995 年、2000 年、2005 年、2010 年、2015 年六个年份之间的京津冀地区建设用地和生态用地的演化过程。建设用地和生态用地的动态演化过程是相互独立的，互不影响，用户同时可以进行缩放、漫游等其他基本地图操作。

图 8-25 动态演化功能模块

1. 建设用地动态演化

根据前面的建设用地分类情况，对 1990 年、1995 年、2000 年、2005 年、2010 年、2015 年六个年份的土地利用图层数据进行分类处理，并使用跟踪条实时响应图层数据显示区中的图层数据，便于用户区分。

点击城镇群基本现状中的"建设用地演化"按钮开始动态演化，点击"停止"按钮停止动态演化（图 8–26）。

2. 生态用地动态演化

根据前面的生态用地分类情况，对 1990 年、1995 年、2000 年、2005 年、2010 年、2015 年六个年份的土地利用图层数据进行分类处理，并使用跟踪条实时响应图层数据显示区中的数据图层。

点击城镇群基本现状中的"生态用地演化"按钮开始动态演化，点击"停止"按钮停止动态演化（图 8–27）。

a. 1990 年

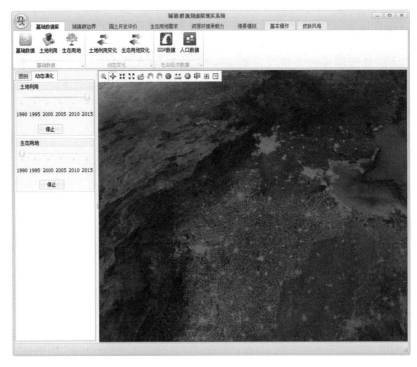

b. 2015 年

图 8-26　建设用地动态演化示意

a. 1990 年

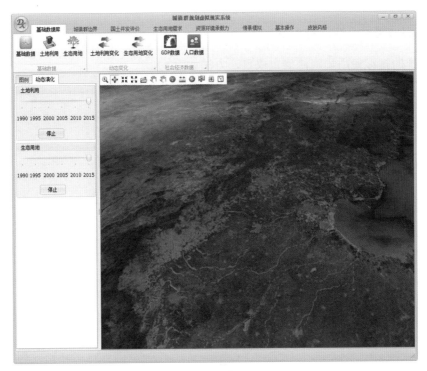

b. 2015 年

图 8-27　生态用地动态演化示意

五、城镇群边界识别

城镇群边界识别模块共包括四个子模块：核心城镇中心性、通勤能力辐射范围、社会经济联系评估、空间结构模型（图 8-28）。

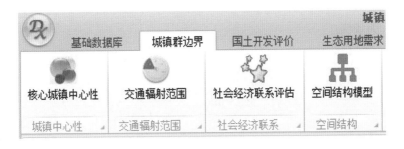

图 8-28　城镇群边界模块界面

1. 核心城镇中心性（图 8–29）

对选择的指标使用熵值法确定权重，方法如下：

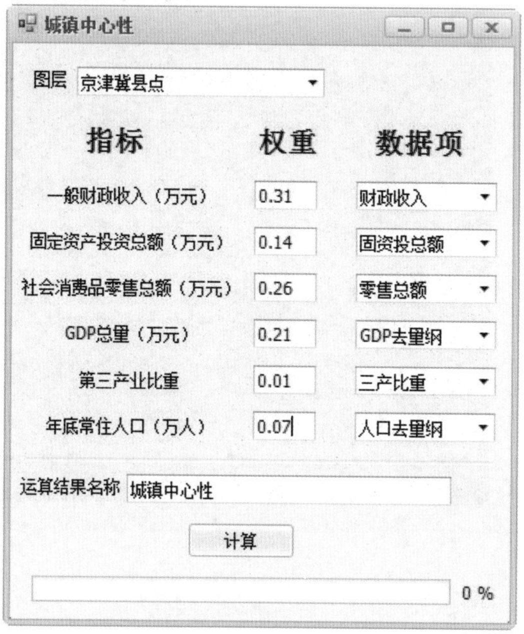

图 8–29　城镇中心性模块

使用熵值法确定指标的权重：

标准化——去除量纲，采用 0-1 标准化处理方法：

$$X'_{ij} = \frac{X_{ij}}{\max\left(X_{ij}\right)} \qquad i = 0, 1, 2\cdots$$

确定指标的熵值：

$$P_{ij} = \frac{X_{ij}}{\sum_{i=1}^{n} X_{ij}} \qquad j = 0, 1, 2\cdots$$

$$E_j = \frac{\sum_{i=1}^{n}\left(P_{ij} \times \ln P_{ij}\right)}{n} \qquad j = 0, 1, 2\cdots$$

做以变换，使得熵值与权重正相关，得到指标 j 的权重：

$$d_j = 1 - E_j$$

进行权重归一化，得到指标最终权重。

城镇中心性指数计算公式：

城镇中心性指数=一般财政收入×权重+固定资产投资总额×权重

+社会消费品零售总额×权重+GDP×权重

+第三产业比重×权重+年底常住人口×权重

设置好要进行计算的图层和各个指标对应的数据项名称、权重及结果字段名称以后点击"计算"，将计算出的城镇中心性数值存入图层对应的数据库中并将专题图显示在地图上。

2. 通勤能力辐射范围（图8-30）

设置好要进行计算的图层和各个指标对应的数据项名称、各个交通方式对应的辐射范围及中心城镇与通勤时间，填写运算结果字段名称以后点击"计算"，将计算出的通勤能力辐射范围存入图层对应的数据库中并将专题图显示在地图上。

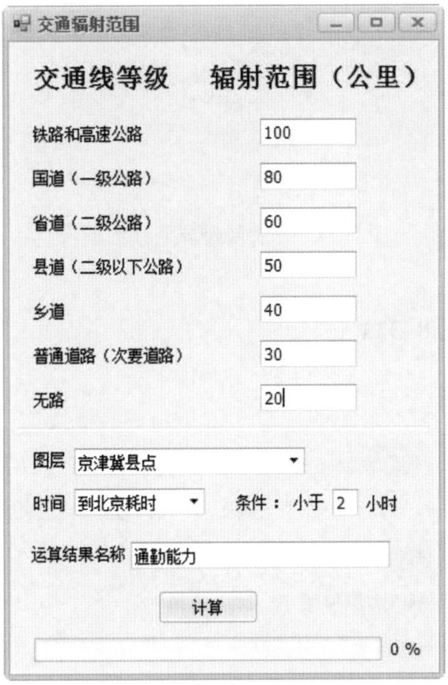

图8-30　通勤能力辐射范围模块

3. 社会经济联系评估（图8-31）

社会经济联系指数计算公式如下：

社会经济联系指数=百度信息量×权重+交通可达性×权重+铁路客运量×权重
+公路客运量×权重

设置好要进行计算的图层和各个指标对应的数据项名称、权重和结果字段名称以后点击"计算"，将计算出的城镇中心性数值存入图层对应的数据库中并将专题图显示在地图上。

图 8-31　社会经济联系评估模块

4. 空间结构模型（图 8-32）

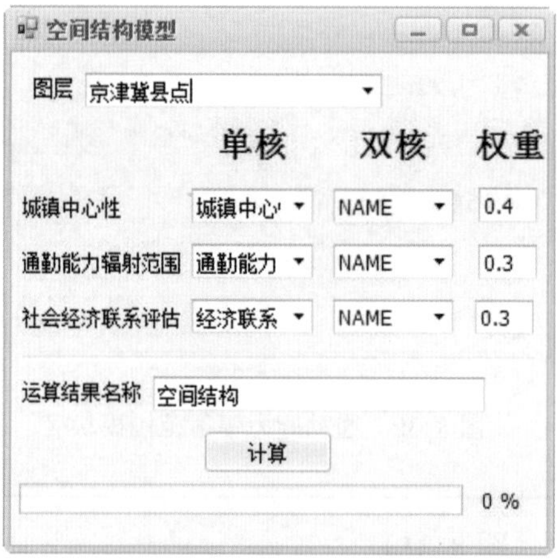

图 8-32　空间结构模型模块

核心城市辐射范围指数计算公式：

城市辐射范围指数=城镇中心性指数×权重+通勤能力指数×权重

+社会经济联系评估指数×权重

设置好要进行计算的图层和各个指标对应的数据项名称、权重和结果字段名称以后点击"计算"，将计算出的结果数值存入图层对应的数据库中并将专题图显示在地图上。

六、国土开发评价

国土开发评价模块包含两大部分共五个模型（图 8–33）：国土开发评价，包括国土开发适宜性模型、适宜用地分布；开发密度模型，包括开发强度模型、开发紧凑度模型、开发程度模型。

图 8–33 国土开发评价模块

1. 国土开发适宜性模型

从区域自然资源条件、社会经济基础以及政策导向三个侧面对区域空间开发建设用地适宜性进行定量评估，通过选取相应的代表性指标，设定相应的指标权重进行空间叠加分析。得到分析评价结果格网并进行分级，根据分级结果辅助政府部门规划决策。

指标分为两大类：自然资源条件和社会经济基础。自然资源条件类包括坡度与高程、土地利用两个指标；社会经济基础类包括经济水平、人口集聚度、交通通达性、人口规模四个指标。

主要界面如图 8–34 所示。

将需要的指标数据格网生成或导入，并且设置好分类标准及权重，输入结果格网的分辨率，点击"加权计算"，开始最后的结果计算并将生成的数据放置到指定的路径下。

（1）坡度分析子模块

点击"✖"查看坡度分类设置标准（图 8–35）。

图 8–34 国土开发适宜性子模块

图 8–35 坡度分类设置标准

（2）土地利用分析子模块

点击""查看土地利用分类标准设置（图8–36）。

图8–36 土地利用分类标准设置

（3）人口规模分析子模块

点击""查看人口规模分类设置标准，以5万、10万、30万、50万、500万作为分级界限，设置标准化等级（图8–37）。

图8–37 人口规模分类设置标准

（4）聚集程度分析子模块

点击""查看聚集程度分类标准设置（图8–38）。

图 8-38　聚集程度分类标准设置

（5）经济水平分析子模块

点击"✕"查看经济水平分类标准设置（图 8-39）。

图 8-39　经济水平分类标准设置

（6）通达性分析子模块

点击"✕"查看通达性分类标准设置（图 8-40）。

（7）评价结果

选择好指标数据图层路径并设置好分类标准后，点击"加权计算"按钮，可以获得对京津冀地区的开发适宜性评价结果图层，评价结果分为五类（图 8-41）。

图 8-40　通达性分类设置标准

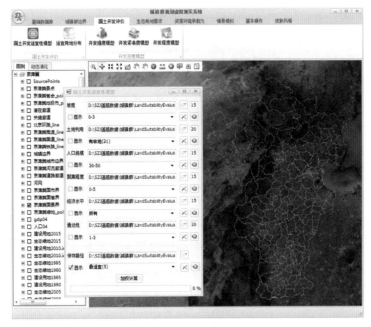

图 8-41　最适宜地区分布示意

2. 开发强度模型（图 8-42）

图 8-42　开发强度模型

开发强度计算公式：

开发强度 ＝ 建设用地面积/土地总面积

使用该模型时，设置好要计算的数据图层，指定模型中用到的指标在数据图层中对应的字段名称，填写运算结果字段名称，点击"计算"，计算开发强度并把计算结果存入图层对应的数据库中，同时计算结果会以专题图的形式在地图显示界面当中展示。

3. 开发紧凑度模型（图 8-43）

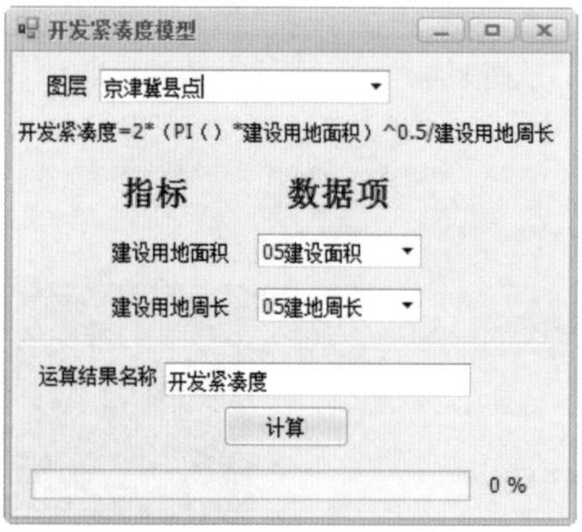

图 8-43　开发紧凑度模型

开发紧凑度计算公式：

开发紧凑度 ＝ 2 ×（建设用地面积×π）^0.5 /建设用地周长

设置好要计算的数据图层，指定模型中用到的指标在数据图层中对应的字段名称，填写运算结果字段名称，点击"计算"，计算开发紧凑度并把结果存入图层对应的数据库中，同时计算结果会以专题图的形式在地图显示界面当中展示。

4. 开发程度模型（图 8-44）

图 8-44　开发程度模型

开发程度计算公式：

开发程度 = 二、三产业生产总值/建设用地面积

　　设置好要计算的数据图层，指定模型中用到的指标在数据图层中对应的字段名称，填写运算结果字段名称，点击"计算"，计算开发程度并把结果存入图层对应的数据库中，同时计算结果会以专题图的形式在地图显示界面当中展示。

七、生态用地需求

　　生态用地需求包含五个子模块：生境重要性评价、生态源地识别、生态用地总量需求、重要生态斑块分布和重要生态廊道分布（图 8-45）。

图 8-45　生态安全格局模块

图 8-46　生境重要性子模块

1. 生境重要性

生境重要性由水源涵养、生物多样性和土壤保持三部分数据生成。其中，水源涵养包括河网分布数据和土地利用数据；生物多样性包括 NDVI 数据和土地利用数据；土壤保持由土壤侵蚀数据进行计算。选取好数据并且设置每个数据的权重和重分类分级标准，将重分类后的数据进行栅格加权叠加计算得到最终的生境重要性数据（图 8-46）。

2. 生态源地识别

生态源地识别由生态可达性、生境重要性和景观连通性三种数据生成。在界面中选择各数据对应的图层或者文件并且设置好权重和重分类标准，然后设置好生态源地结果数据的存放路径，点击"确定"进行栅格加权叠加计算，生成最终的生态源地数据（图 8-47）。

图 8-47　生态源地识别子模块

3. 生态用地总量需求

生态用地总量需求模型计算需要选择人口数量和人均碳排放量数据。选取好人口数量和人均碳排放量参数数据，然后点击"确定"进行计算，得到当前情境下的最小生态用地需求面积（图 8-48）。

4. 重要生态斑块分布模块

重要生态斑块分布数据将生态用地总量需求模块计算出的最小生态用地面积分布到京津冀地区，并根据土地利用情况转换成标准林地面积，同时将斑块位置显示在图层中（图8–49）。

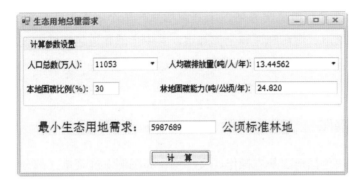

图 8–48　生态用地总量需求

图 8–49　重要生态斑块分布子模块

图 8–50　重要生态廊道分布子模块

5. 重要生态廊道分布模块

重要生态廊道分布由京津冀地区生态源地点和生态阻力面数据通过欧式距离算法模型计算出关键廊道、潜在廊道和全部廊道，其中全部廊道包括城市边界廊道、道路廊道和河流廊道（图 8–50）。其中绿色的是城市边界廊道，蓝色的是河流廊道，黄色的是道路廊道。

八、系统基本操作

基本操作模块包括地图基本操作、文件操作和图例右键菜单三部分。地图基本操作包括放大、缩小、自由缩放、漫游和全幅显示五个功能；文件操作包括添加数据、属性编辑和复位三个功能；右键菜单包括缩放至图层、另存为图层、移除图层三个功能。

自由缩放：点击"自由缩放"可以自由放大或缩小地图显示区域。

漫游：点击"漫游"可以在比例尺不变的情况下，可以将当前地图显示区域平移到其他地区。

全幅显示：点击"全幅显示"可以将地图显示区域恢复到京津冀整个地区。

添加数据：点击"添加数据"可以向地图显示区域中添加新的*.lyr 图层文件。

缩放至图层：点击图例右键菜单中的"缩放至图层"可以将当前地图显示范围更改为选择的图层范围。

另存为图层：点击图例右键菜单中的"另存为图层"可以将当前在图例中选中的地图另存为一个*.lyr 文件。

移除图层：点击图例右键菜单中的"移除图层"可以将当前在图例中选中的地图从地图显示区域和系统中移除。

九、情景模拟

情景模拟模块包括空间结构模拟、国土开发评价模拟、开发密度模型模拟、资源环境压力模拟和人口增加情景模拟五个子模块（图 8–51）。

图 8–51　情景模拟模块

1. 空间结构模拟模块

空间结构模拟模块可以选择基础年份和要预测的年份，选择好年份之后可以对一般财政收入、固定资产投资总额、社会消费品零售总额、GDP、第三产比重、年底常住人口、通勤时间、百度信息量、铁路客运量、公路客运量十个指标进行增加或减少速度百分比的设置，点击计算按钮可以根据设置的年份和各指标的变化速度对预测年份进行模拟计算（图 8-52）。

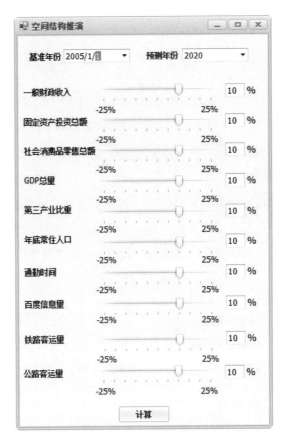

图 8-52　空间结构推演模块

2. 国土开发评价模拟模块

国土开发评价模拟模块对国土开发适宜性评价结果进行模拟计算，选择基准年份和预测年份，然后设置人口规模、聚集程度、经济水平三个指标的增长或减小速度，然后点击"计算"，可以将结果输出保存为栅格数据（图 8-53）。

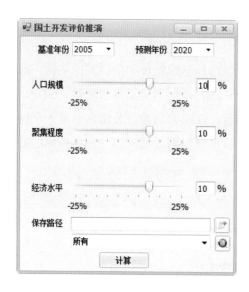

图 8-53　国土开发评价推演模块

3. 开发密度模型推演

开发密度模型推演模块可以对开发强度、开发紧凑度、开发强度三个模型进行推演预测。选择不同的模型进行推演时下面的指标会变成模型对应的指标，设置预测的基准年份和目标年份，然后对指标的变化速度进行设置，点击"计算"，可以将预测结果显示到图中（图 8-54）。

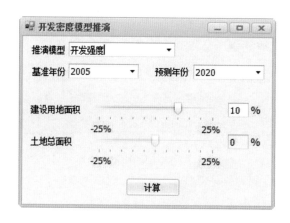

图 8-54　开发密度模型推演模块

4. 资源环境压力模拟

资源环境压力模拟模块对资源环境压力进行模拟，系统设置了缺省的集中情景模式，包括基础情景、高环保约束情景、建设用地零增长情景、高强度节水情景。每种情景对应不同的指标变化速度，可以进行不同的情景预测。除了系统缺省的情景，用户也可以按照个人意愿对指标变化速度进行调整，计算预测结果（图 8–55）。

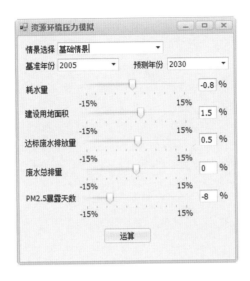

图 8–55　资源环境压力模拟模块

5. 人口增加情景模拟

人口增加情景模拟是对人口变化时的资源环境压力进行模拟，同时根据人口变化对建设用地的变化进行模拟（图 8–56），将结果展示在图中。

图 8–56　人口增加情景模块